> Cyber-Physical Systems

Innovationsmotor für Mobilität, Gesundheit, Energie und Produktion

acatech (Hrsg.)

acatech POSITION
Dezember 2011

Herausgeber:
acatech – Deutsche Akademie der Technikwissenschaften, 2011

Geschäftsstelle
Residenz München
Hofgartenstraße 2
80539 München

Hauptstadtbüro
Unter den Linden 14
10117 Berlin

T +49(0)89/5203090
F +49(0)89/5203099

T +49(0)30/206309610
F +49(0)30/206309611

E-Mail: info@acatech.de
Internet: www.acatech.de

Empfohlene Zitierweise:
acatech (Hrsg.): *Cyber-Physical Systems. Innovationsmotor für Mobilität, Gesundheit, Energie und Produktion* (acatech POSITION), Heidelberg u.a.: Springer Verlag 2011.

ISSN 2192-6166/ISBN 978-3-642-27566-1/ISBN 978-3-542-27567-8 (eBook)

DOI 10.1007/ 978-3-642-27567-8

Bibliografische Information der Deutschen Nationalbibliothek
Die Deutsche Nationalbibliothek verzeichnet diese Publikation in der Deutschen Nationalbibliografie; detaillierte bibliografische Daten sind im Internet über http://dnb.d-nb.de abrufbar.

© Springer-Verlag Berlin Heidelberg 2011

Koordination: Ariane Hellinger
Redaktion: Ariane Hellinger, Linda Tönskötter
Lektorat: Heinrich Seeger
Layout-Konzeption: acatech
Konvertierung und Satz: Fraunhofer-Institut für Intelligente Analyse- und Informationssysteme IAIS, Sankt Augustin

Gedruckt auf säurefreiem Papier
springer.com

> INHALT

KURZFASSUNG		5
PROJEKT		8
1 CYBER-PHYSICAL SYSTEMS – WANDEL IN WIRTSCHAFT UND GESELLSCHAFT		10
2 CYBER-PHYSICAL SYSTEMS – DIE PHYSIKALISCHE UND DIE VIRTUELLE WELT VERSCHMELZEN		13
	2.1 Motor für Innovation und Prozessoptimierung	13
	2.2 Treiber der Entwicklung von Cyber-Physical Systems	15
	2.4 Von der Vision zur Realität – wie entstehen Cyber-Physical Systems?	17
3 ZUKUNFTSPOTENZIAL VON CYBER-PHYSICAL SYSTEMS – 2025		20
	3.1 Cyber-Physical Systems für das Smart Grid	20
	3.2 Cyber-Physical Systems für vernetzte Mobilität	20
	3.3 Cyber-Physical Systems in der Telemedizin und für betreutes Wohnen	22
	3.4 Cyber-Physical Systems für die Fabrik der Zukunft	23
4 HERAUSFORDERUNGEN DURCH CYBER-PHYSICAL SYSTEMS FÜR DEUTSCHLAND		24
	4.1 Wissenschaftliche Herausforderungen	24
	4.2 Technologische Herausforderungen	25
	4.3 Wirtschaftliche Herausforderungen	26
	4.4 Politische Herausforderungen	27
	4.5 Gesellschaftliche Herausforderungen	27
5 THESEN ZUR ENTWICKLUNG VON CYBER-PHYSICAL SYSTEMS IN DEUTSCHLAND		29
6 HANDLUNGSEMPFEHLUNGEN		31
	6.1 Festigung der Position Deutschlands zu Cyber-Physical Systems	31
	6.2 Beherrschung der Entwicklung von Cyber-Physical Systems	31
	6.3 Cyber-Physical Systems als Teil sozio-technischer Systeme	32
	6.4 Neue Geschäftsmodelle durch Cyber-Physical Systems	32
	6.5 Schlüsselrolle des Mittelstandes für Cyber-Physical Systems	33
	6.6 Wirtschaftliche Bedeutung der Mensch-Maschine-Interaktion	33
	6.7 Forschungsförderung: „Stärken stärken"	34
	6.8 Schwächen kompensieren	36
	6.9 Wissenschaftliche Fundierung	36
	6.10 Politische Rahmenbedingungen schaffen	37
7 ANHANG		38
LITERATUR		42

KURZFASSUNG

Eingebettete Systeme aus Elektronik und Software sind maßgebliche Innovationstreiber für Export- und Wachstumsmärkte der deutschen Industrie. Sie erweitern entscheidend die Funktionalität und damit den Gebrauchswert sowie die Wettbewerbsfähigkeit von Fahrzeugen, Flugzeugen, von medizinischen Geräten, von Produktionsanlagen und Haushaltsgeräten. Schon heute arbeiten etwa 98 Prozent der Mikroprozessoren eingebettet, über Sensoren und Aktoren mit der Außenwelt verbunden. Zunehmend werden sie untereinander und in das Internet vernetzt. Die physikalische Welt verschmilzt mit der virtuellen Welt, dem Cyberspace. Es entstehen Cyber-Physical Systems (CPS), die Teil einer zukünftig global vernetzten Welt sind, in der Produkte, Geräte und Objekte mit eingebetteter Hardware und Software über Anwendungsgrenzen hinweg interagieren. Mithilfe von Sensoren verarbeiten diese Systeme Daten aus der physikalischen Welt und machen sie für netzbasierte Dienste verfügbar, die durch Aktoren direkt auf Vorgänge in der physikalischen Welt einwirken können. Die physikalische Welt wird durch Cyber-Physical Systems mit der virtuellen Welt zu einem Internet der Dinge, Daten und Dienste verknüpft.

Erste Ansätze zu Cyber-Physical Systems gibt es bereits heute – etwa in Form vernetzter Navigationssoftware. Zur verbesserten Routenführung leitet sie mithilfe von Mobilfunkdaten Stauinformationen aus aktuellen Bewegungsprofilen ab. Weitere Beispiele sind Assistenz- oder Verkehrssteuerungssysteme aus den Bereichen Avionik oder Zugverkehr. Hier greifen die Systeme aktiv steuernd ein.

Zukünftige Cyber-Physical Systems werden in bisher kaum vorstellbarer Weise Beiträge zu Sicherheit, Effizienz, Komfort und Gesundheit der Menschen leisten. Sie tragen damit zur Lösung zentraler Herausforderungen unserer Gesellschaft bei, wie die alternde Bevölkerung, Ressourcenknappheit, Mobilität oder Energiewandel, um nur einige wesentliche Anwendungsfelder zu nennen. Als Teil eines Smart Grids steuern Cyber-Physical Systems das künftige Energienetz bestehend aus einer Vielzahl von Erzeugern regenerativer Energie. Sie werden in Zukunft den Verkehr durch Koordination sicherer machen und den CO^2-Ausstoß reduzieren. Moderne Smart-Health-Systeme vernetzen Patienten und Ärzte, ermöglichen Ferndiagnosen und die medizinische Versorgung zu Hause. Internetbasierte Systeme zur Fernüberwachung autonom arbeitender Produktionssysteme entstehen für die industrielle Produktion, Logistik und das Transportwesen. Ein nächster Schritt geht in die Selbstorganisation. Maschinen regeln ihre Wartungs- und Instandhaltungsstrategie je nach Belastungsgrad autonom und sorgen bei wartungsbedingter Unterbrechung für Ersatzkapazitäten zur Aufrechterhaltung der Produktion.

Auf die Marktstrukturen wirken Cyber-Physical Systems hoch disruptiv. Sie werden Geschäftsmodelle und die Wettbewerbssituation grundlegend verändern. Neue Anbieter von Diensten auf Basis von Cyber-Physical Systems drängen in die Märkte. Revolutionäre Anwendungen ermöglichen neue Wertschöpfungsketten, die klassische Branchen wie etwa die Automobilindustrie, Energiewirtschaft und Produktionstechnik transformieren.

Wissenschaft und Forschung werden durch Cyber-Physical Systems vor neue Herausforderungen gestellt: Wie ist mit heterogenen vernetzten Gebilden umzugehen, die eine ganzheitliche systemische Sicht und interdisziplinäre Zusammenarbeit von Maschinenbau, Elektrotechnik und Informatik erfordern? Wie sind Cyber-Physical Systems technisch zu beherrschen, wie sind sie zu bauen, zu steuern, kontrollieren und warten?

Deutschland ist bei eingebetteten Systemen weltweit führend und nimmt auch im Markt für Sicherheitslösungen und Unternehmenssoftware eine Spitzenstellung ein. Zudem besitzt Deutschland traditionell eine hohe Engineering-Kompetenz bei der Entwicklung komplexer Systemlösungen und verfügt über umfassendes Forschungs-Know-how bei semantischen Technologien und eingebetteten Systemen. Trotz dieser günstigen Ausgangslage darf Deutschland seine Schwachstellen hinsichtlich der Entwicklung von Cyber-Physical Systems nicht aus dem Blick verlieren. Bei der Internetkompetenz – gleichermaßen in Forschung und Anwendungen, bei Entwicklungsplattformen, Betreibermodellen und innovativen Lösungen für benutzerzentrierte Mensch-Maschine-Schnittstellen – gibt es hierzulande Nachholbedarf. Die US-amerikanische National Science Foundation hingegen fördert das Thema Cyber-Physical Systems seit 2006 mit zahlreichen Projekten und Programmen.[1]

Will sich Deutschland mit innovativen Cyber-Physical Systems im internationalen Wettbewerb einen führenden Platz sichern, ist aufgrund des engen Zeitfensters eine schnelle Reaktion der Politik gemeinsam mit den Beteiligten aus Wissenschaft, Wirtschaft und Gesellschaft geboten. Ziel muss die Beherrschung der Technologie, ihre wirtschaftliche Nutzung und die Ausrichtung auf gesellschaftliche Akzeptanz von Cyber-Physical Systems sein. Unter Berücksichtigung der Nationalen Roadmap Embedded Systems (NRMES) 2009[2] zur weiteren Entwicklung von eingebetteten Systemen empfiehlt acatech zur Bewältigung der mit Cyber-Physical Systems verbundenen technologischen, wirtschaftlichen, gesellschaftlichen und politischen Herausforderungen:

1. Als **technische Voraussetzungen** für Cyber-Physical Systems sind mobile Internetzugänge und Zugriffsmöglichkeiten auf die physikalische Infrastruktur durch geeignete Sensorik und Aktorik, Algorithmen für das adaptive Verhalten vernetzter Systeme sowie Ontologien zur Kopplung solcher autonomen Systeme zu fördern. Entwicklungs- und Betreiberplattformen sind auf- und auszubauen.

2. **Interoperabilitätsstandards** müssen erarbeitet, Standardisierungsaktivitäten in internationalen Gremien unterstützt werden.

3. Das Gebiet der **Mensch-Maschine-Interaktion** muss in Forschung, Ausbildung und praktischer Umsetzung erschlossen werden. *Human Factors* wie die zugeschnittene Logik des Workflows, die situative Angemessenheit, die Bedienbarkeit von Geräten oder Fragen der Ergonomie müssen ganzheitlich erforscht werden.

4. Die bestehende Rechtslage ist hinsichtlich der Sicherheit von Cyber-Physical Systems anzupassen, vor allem im Hinblick auf den **Datenschutz**. Eine Arbeitsgruppe aus Wissenschaftlern, Juristen und Politikern ist einzusetzen, die ein Konzept für den Umgang mit personenbezogenen Daten in Cyber-Physical Systems entwickelt.

5. Es sollte ein **Dialog** zum Nutzen gesellschaftlicher Innovationen durch Cyber-Physical Systems initiiert werden. Es gilt, die Bevölkerung in die Entwicklung von Cyber-Physical Systems einzubeziehen und sie über Sicherheitsfragen aufzuklären.

6. Es sollten spezifische Plattformen etabliert werden, um **neue Geschäftsmodelle für Cyber-Physical Systems** zu erproben. Im Rahmen einer Begleitforschung sollten diese Geschäftsmodelle analysiert werden.

7. Plattformen und Verbundprojekte zur Förderung von Cyber-Physical Systems sind zu schaffen, die den **Mittelstand** gezielt einbinden. KMUs sollten vereinfachten Zugang zu Forschungsprojekten erhalten. Ausgründungen, insbesondere aus Universitäten, sind zu fördern.

---

[1] Vgl. National Science Foundation 2011.
[2] Vgl. ZVEI 2009.

8. Ein zentrales nationales **Forschungs- und Kompetenzzentrum** für das Internet der Dinge, Daten und Dienste und das World Wide Web ist einzurichten, das alle Themen im Umfeld globaler Netze behandelt.

9. Existierende **Studien- und Ausbildungsgänge** (Informatik, Ingenieurwissenschaften, Betriebswirtschaft) sind an die Erfordernisse von Cyber-Physical Systems anzupassen. Neue interdisziplinäre Studiengänge zu Cyber-Physical Systems sind zu schaffen.

10. Die deutsche Wissenschaft sollte sich besonders interdisziplinären Projekten zu Cyber-Physical Systems widmen. Integrierte und **interdisziplinäre Forschungsthemen** zu Cyber-Physical Systems sollten in Innovationsallianzen aus Industrie und Forschung besonders gefördert werden.

11. Die Einrichtung entsprechender CPS-**Schaufenster** zu Pilotanwendungen und anderer wirksamer Vermittlungsformen (wie Living Labs) kann dazu beitragen, für das Thema frühzeitig innerhalb relevanter Fachkreise und insbesondere im Mittelstand, aber auch in der breiten Öffentlichkeit Aufmersamkeit zu schaffen.

Grundlegend für den Erfolg von Cyber-Physical Systems ist die Akzeptanz dieser neuen Technologien in der Gesellschaft. Cyber-Physical Systems heben die Anforderungen an den Datenschutz und die Informationssicherheit auf eine neue Stufe. Künftig fließen Daten von hoher Wichtigkeit in ungeheuer großen Volumina durch die Netze. Von der Sicherheit und Transparenz der Datenflüsse hängt auch das Vertrauen der Bevölkerung in die neuen Technologien ab.

Cyber-Physical Systems haben große Bedeutung für eine Vielzahl zentraler Zukunftsthemen. Darum ist es unerlässlich, dass die Bundesregierung Cyber-Physical Systems in den Energie- und Rohstoffstrategien, aber auch in der Hightech- und der IKT-Strategie berücksichtigt. Und schließlich muss auch das Thema Energiewandel Teil einer Gesamtstrategie Cyber-Physical Systems werden.

PROJEKT

Diese Position entstand auf Grundlage der acatech STUDIE *agandaCPS. Integrierte Forschungsagenda Cyber-Physical Systems.*

> PROJEKTLEITUNG

Prof. Dr. Dr. h.c. Manfred Broy, Technische Universität München

> FACHLICHE LEITUNG

Dr. Eva Geisberger, fortiss GmbH

> PROJEKTGRUPPE

- Prof. José L. Encarnação, Technische Universität Darmstadt
- Prof. Otthein Herzog, Universität Bremen und Jacobs University Bremen
- Prof. Wolfgang Merker
- Dr. Heinz Derenbach, Robert Bosch GmbH
- Dr. Reinhard Stolle, BMW AG
- Hannes Schwaderer, Intel GmbH
- Prof. Werner Damm, Universität Oldenburg (Sprecher des Beirats)

> REVIEW

- Prof. Dr. Jürgen Gausemeier, Universität Paderborn
- Prof. Dr. Jan Lunze, Ruhr-Universität Bochum
- Prof. Dr. Friedemann Mattern, Eidgenössische Technische Hochschule (ETH) Zürich
- Prof. Dr. Franz Rammig, Universität Paderborn

acatech dankt allen externen Fachgutachtern. Die Inhalte der vorliegenden Position liegen in der alleinigen Verantwortung von acatech.

> KONSORTIALPARTNER

fortiss GmbH

> AUFTRÄGE

- BICC-NET Bavarian Information and Communication Technology Cluster (BICCnet)
- Fraunhofer IOSB
- SafeTrans e. V.
- OFFIS e. V.

> AUTOREN

- Dr. Eva Geisberger, fortiss GmbH
- Dr. María Victoria Cengarle, fortiss GmbH
- Patrick Keil, fortiss GmbH
- Jürgen Niehaus, SafeTRANS e.V.
- Dr. Christian Thiel, BICCnet
- Hans-Jürgen Thönnißen-Fries, ESG Elektroniksystem- und Logistik GmbH

> PROJEKTKOORDINATION

- Ariane Hellinger, acatech Geschäftsstelle
- Dr. Christian Thiel, BICCnet Cluster

> PROJEKTVERLAUF

Projektlaufzeit: 1. Mai 2010 – November 2011.
Diese acatech POSITION wurde im November 2011 durch das acatech Präsidium syndiziert.

> FINANZIERUNG

Das Projekt wurde im Rahmen der Hightech-Strategie der Bundesregierung durch das Bundesministerium für Bildung und Forschung gefördert (Förderkennzeichen 01/S10032A und 01/S10032A).

Projektträger: Projektträger im Deutschen Luft- und Raumfahrtzentrum (DLR), Softwaresysteme und Wissenstechnologien

acatech dankt außerdem den folgenden Unternehmen für ihre Unterstützung: BMW AG, Robert Bosch GmbH, Intel GmbH

1 CYBER-PHYSICAL SYSTEMS – WANDEL IN WIRTSCHAFT UND GESELLSCHAFT

Informations- und Kommunikationstechnologien sind starke Treiber von Innovationen. Als zwei wesentliche Motoren wirken dabei

— eingebettete software-intensive Systeme, wie sie sich heute in nahezu allen Produkten und Systemen der Hochtechnologie finden, etwa in Geräten, Fahrzeugen, Flugzeugen, Gebäuden oder Produktionsanlagen, deren Funktionalität sie entscheidend prägen
— globale Netze wie das Internet und die im *World Wide Web* verfügbaren Daten und Dienste.

Diese zwei starken Innovationsfelder wachsen zu Cyber-Physical Systems zusammen. Eine zunehmende Anzahl von Geräten und Objekten enthalten mittlerweile eingebettete Rechner, die mit der physikalischen Welt über Sensoren und Aktoren interagieren und miteinander Daten austauschen. Mobile Endgeräte wie *Smartphones* begleiten mittlerweile Millionen von Menschen. RFID- (*Radio Frequency Identification*) Technologie wird eingesetzt, etwa um Milliarden von Transportvorgängen automatisch zu überwachen. Vormals geschlossene Systeme öffnen sich zunehmend und sind mit

Abbildung 1: Die Evolution eingebetteter Systeme zum Internet der Dinge, Daten und Dienste

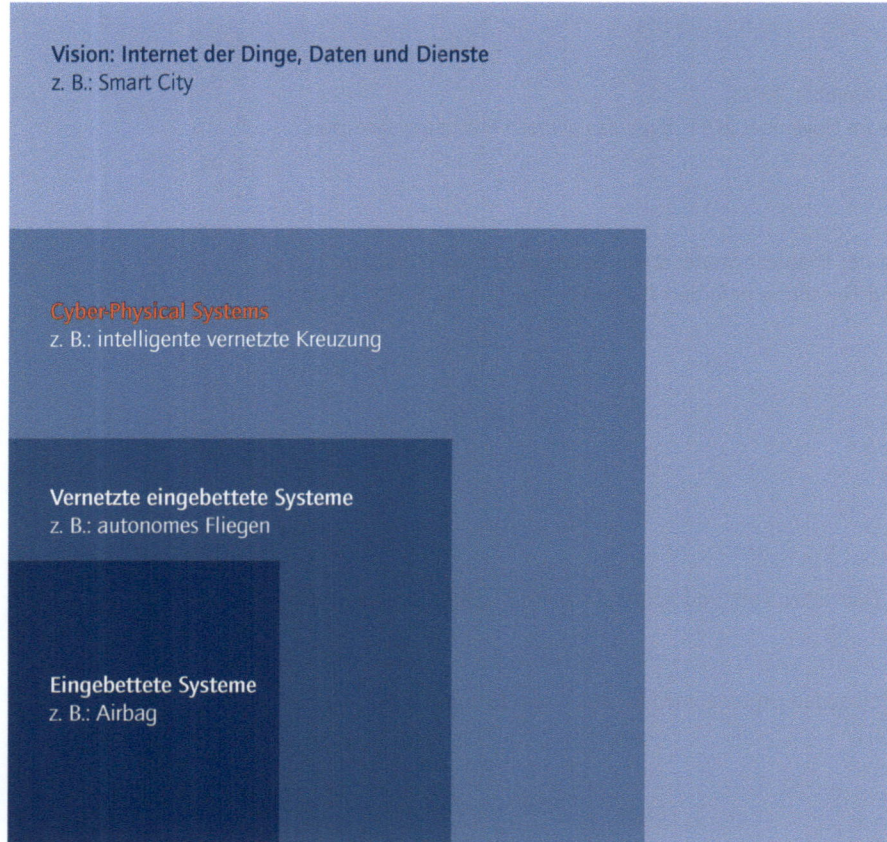

anderen Systemen zu vernetzten Anwendungen verbunden. Die physikalisch reale Welt wird durch Cyber-Physical Systems nahtlos mit der virtuellen Welt der Informationstechnik zu einem Internet der Dinge, Daten und Dienste verknüpft.

Abb. 1 veranschaulicht die Vision vom globalen „Internet der Dinge, Daten und Dienste" als evolutionäre Weiterentwicklung eingebetteter Systeme durch ihre Vernetzung über das Internet. Den Ausgangspunkt bilden geschlossene eingebettete Systeme, zum Beispiel Airbags. Für den Schritt zu lokal vernetzen eingebetteten Systemen wurden bereits 2009 in der Nationalen Roadmap Embedded Systems Empfehlungen erarbeitet. Die acatech STUDIE *agendaCPS* erweitert das Spektrum in die globale Vernetzung. Ein Beispiel stellt eine intelligente Kreuzung dar, die Daten aus Staumeldungen nutzt.

Cyber-Physical Systems sind eine sogenannte *enabling technology*, die zahllose innovative Anwendungen möglich macht. Die tiefgreifenden Änderungen und Herausforderungen im Kontext von Cyber-Physical Systems müssen im Zusammenhang und in Wechselwirkung mit weiteren Innovationsgebieten moderner Technologie gesehen werden. Sie werden im Folgenden umfassend beschrieben.

Die Entwicklungsgeschwindigkeit der Informations- und Kommunikationstechnologien ist rasant, entsprechend dem sogenannten „Moore'schen Gesetz": Gordon Moore, Mitbegründer des Prozessorherstellers Intel, hatte 1965 postuliert, dass sich die Anzahl von Schaltkreisen auf einem Chip und damit die Rechenleistung digitaler Systeme bei gleichem Preis innerhalb von eineinhalb Jahren verdoppelt. Dieses exponentielle Wachstum der Leistungsfähigkeit digitaler Systeme der Informationsverarbeitung stimuliert ein enges Wechselspiel aus technologischer Innovation, wirtschaftlicher Dynamik und gesellschaftlichem Wandel.

Cyber-Physical Systems befördern diese Dynamik, indem sie physikalische Prozesse mit der virtuellen Welt verknüpfen. Richtig eingesetzt, leisten Cyber-Physical Systems maßgebliche Beiträge zum Bewältigen zentraler gesellschaftlicher Herausforderungen wie der alternden Gesellschaft, dem Klimawandel, Gesundheit, Sicherheit, der Energiewende, Mega Cities, der Ressourcenknappheit, Nachhaltigkeit, Globalisierung und Mobilität. Dies wird in den Szenarien der acatech STUDIE *agendaCPS*[3] verdeutlicht. Verstärkt wird diese Entwicklung durch die schnelle Ausbreitung globaler digitaler Netze wie das Internet und der globale Zugriff auf Daten und Dienste durch das sogenannte *Cloud Computing*. *Cloud Computing* beschreibt ein neues Informatikparadigma, nach dem Ressourcen der Informationstechnik (IT), also Rechenleistung, Speicher, Applikationen und Daten, dynamisch über Netzwerke bereitgestellt, verwaltet und abgerechnet werden. IT-Ressourcen können somit dynamisch „aus der Wolke" bezogen und genutzt werden.[4]

Die Bundesregierung fördert die Erforschung wesentlicher Aspekte von Cyber-Physical Systems bereits seit 2005 im Rahmen der Hightech-Strategie 2020 und der IKT-Strategie 2015. Zudem wurden in der Nationalen Roadmap Embedded Systems (NRMES) 2009 umfangreiche Handlungsempfehlungen zur gezielten Förderung eingebetteter Systeme erarbeitet. Die in der NRMES aufgeführten Defizite und Herausforderungen sind – auch für Cyber-Physical Systems – nach wie vor aktuell:

— Die Rolle von Cyber-Physical Systems als Querschnittstechnologie und Innovationstreiber wird in der Industrie noch nicht ausreichend wahrgenommen.
— Branchenübergreifende Standardisierungen fehlen.
— Hersteller einzelner Komponenten sind mangelhaft vernetzt.
— Heterogenität und Insellösungen herrschen vor.

---

[3] Die ausführliche acatech Studie agendaCPS wird voraussichtlich im März 2012 publiziert (Broy/Geisberger 2012).
[4] Vgl. Aktionsprogramm Cloud-Computing des Bundesministeriums für Wirtschaft und Technologie (Oktober 2010), BMWi 2010a, S. 10.

- Oft existiert eine Abhängigkeit von einzelnen Anbietern mit daraus resultierenden wirtschaftlichen Problemen.
- Es herrscht Nachwuchsmangel an qualifizierten Ingenieuren.

acatech empfiehlt,
die weitere konsequente Umsetzung der Handlungsempfehlungen aus der Nationalen Roadmap Embedded Systems 2009 und die Fortsetzung der in der Hightech-Strategie 2020 aufgeführten Aktionslinie „Intelligente Objekte".

Die vorliegende Position und die ihr zugrunde liegende Studie *agendaCPS* wollen einen Beitrag auf dem Weg zum Internet der Dinge, Daten und Dienste leisten, um Deutschlands Wettbewerbsfähigkeit angesichts des rasanten Wandels im IKT-Bereich zu erhalten und auszubauen. Ziel ist es, Deutschland nicht nur als Technologieführer für einzelne Komponenten oder Technologien für Cyber-Physical Systems, sondern als globalen Innovationsführer für Lösungen durch Cyber-Physical Systems zu etablieren.

2 CYBER-PHYSICAL SYSTEMS – DIE PHYSIKALISCHE UND DIE VIRTUELLE WELT VERSCHMELZEN

Cyber-Physical Systems sind Systeme mit eingebetteter Software (als Teil von Geräten, Gebäuden, Verkehrsmitteln, Verkehrswegen, Produktionsanlagen, medizinischen Prozessen, Logistik-, Koordinations- und Managementprozessen), die

— über Sensoren unmittelbar physikalische Daten erfassen und durch Aktoren auf physikalische Vorgänge einwirken,
— erfasste Daten auswerten und speichern und aktiv oder reaktiv mit der physikalischen sowie der digitalen Welt interagieren,
— über digitale Kommunikationseinrichtungen untereinander sowie in globalen Netzen verbunden sind (drahtlos und/oder drahtgebunden, lokal und/oder global),
— weltweit verfügbare Daten und Dienste nutzen
— über eine Reihe dedizierter, multimodaler Mensch-Maschine-Schnittstellen verfügen.

Aus der Verbindung eingebetteter Systeme mit globalen Netzen resultiert eine Fülle weitreichender Lösungs- und Anwendungsmöglichkeiten für alle Bereiche unseres Alltagslebens. In der Folge entstehen neuartige Geschäftsmöglichkeiten und -modelle auf der Basis von Plattformen und Firmennetzwerken. Eine technische Herausforderung ist es dabei, die Besonderheiten eingebetteter Systeme – zum Beispiel Echtzeitanforderungen – mit den Charakteristika des Internets wie etwa der Offenheit der Systeme zu integrieren.

2.1 MOTOR FÜR INNOVATION UND PROZESSOPTIMIERUNG

Die Informations- und Kommunikationstechnik (IKT) weist seit ihrem Bestehen eine Folge schneller technologischer Fortschritte auf. Immer stärker miniaturisierte integrierte Schaltungen, das exponentielle Wachstum von Rechenleistung und Bandbreite in Netzwerken, aber auch immer leistungsfähigere Suchmaschinen im Internet sind nur einige Beispiele. Informationstechnik (IT) ist allgegenwärtig, *Ubiquitous Computing* ist damit Wirklichkeit. Dabei führt der Fortschritt in der Informations- und Kommunikationstechnik nicht nur zur horizontalen Verbindung von vormals getrennten Branchen, sondern auch zunehmend zur vertikalen Integration von IKT als Teil von Produkten. Nahezu jede Branche nutzt heute IKT nicht nur zur Verbesserung ihrer internen Prozesse, sondern auch zur Verbesserung ihrer Produkte. In der Automobilbranche hat beispielsweise ein Wettlauf um die Vernetzung der Fahrzeuge begonnen.[5]

Die beschriebene Dynamik wirkt sich stark auf Geschäftsmodelle und Zukunftsperspektiven einer Vielzahl von Branchen aus, in denen Deutschland eine Vorreiterrolle einnimmt. Cyber-Physical Systems besitzen enormes Innovationspotenzial, das zu einem grundlegenden Wandel in der Wirtschaft sowie im privaten und beruflichen Alltag führt.

Kaum eine Branche zeigt das Potenzial aber auch die Bedeutung von Cyber-Physical Systems plakativer als die **Automobilbranche**. Der weitaus größte Teil der Innovationen zur Erhöhung von Sicherheit, Komfort oder Effizienz entsteht dort bereits heute durch eingebettete Systeme. In Zukunft werden verstärkt Cyber-Physical Systems zum Einsatz kommen, um Fahrzeuge unfassend zu vernetzen, und zwar sowohl miteinander als auch mit Objekten, Daten und Diensten außerhalb des Fahrzeugs. Da die Automobilindustrie mit rund 20 Milliarden Euro mehr als ein Drittel der gesamten industriellen Forschungs- und Entwicklungsinvestitionen in Deutschland tätigt und ca. 715 000 Arbeitsplätze bietet,[6] ist es für den Wirtschaftsstandort Deutschland unerlässlich, bei Forschung, Entwicklung und Einsatz von Cyber-Physical Systems eine führende Rolle anzustreben. Gerade die Verbindung mit dem Thema **Elektromobilität** bietet hier große Chancen. Zum Beispiel ist ein Routenma-

---

[5] Vgl. CARIT 2011.
[6] Bretthauer 2009.

nagement für batteriebetriebene Autos ohne Cyber-Physical Systems gar nicht denkbar.

Die **Medizintechnik** ist eines der größten Wachstumsfelder weltweit. Die Investitionen in Forschung und Entwicklung machen in der Branche rund acht Prozent des Umsatzes aus – etwa doppelt so viel wie im Durchschnitt der Industrie.[7] Es wird geschätzt, dass die Umsätze in der Medizintechnik bis 2020 in Deutschland um etwa acht Prozent pro Jahr zunehmen. Neben telemedizinischer Patientenüberwachung, Gerätevernetzung und der Erweiterung der Funktionalität vorhandener Geräte bieten Cyber-Physical Systems vielfältige Möglichkeiten, etwa für die Optimierung von Notfalleinsätzen und die Effizienzsteigerung in Krankenhäusern. Viele dieser Innovationen können erst durch die Kommunikationsanbindung bisher isolierter Geräte und die Verknüpfung bisher getrennt erhobener und gehaltener Daten entstehen. Der demografische Wandel wird zu verstärkter Nachfrage nach AAL-Lösungen (*Ambient Assisted Living*) führen, die nur durch Cyber-Physical Systems realisierbar sind.

Die weiterhin steigende Nachfrage nach Energie, die gleichzeitige Verknappung fossiler Ressourcen und die gestiegene Bedeutung des Klimaschutzes stellen **Energiewirtschaft, Energiekonsumenten** (Unternehmen und Privathaushalte) und die Politik vor zahlreiche Herausforderungen. Das Energiesystem muss sich an die schwankende Verfügbarkeit von Strom aus erneuerbaren Energien oder die Dezentralisierung der Energiegewinnung anpassen. Cyber-Physical Systems spielen hier als wesentlicher Bestandteil intelligenter Stromnetze, sogenannter *Smart Grids*, eine entscheidende Rolle, da Netzmanagement, Verbrauchsoptimierung und Erzeugungsplanung nur durch vernetzte Systeme umgesetzt werden können.

Auch im **Maschinen- und Anlagenbau bzw. in der Automatisierungstechnik**[8] werden das Potenzial, aber auch die Herausforderungen von Cyber-Physical Systems deutlich. Die globale Vernetzung der Anlagen und Werke unterschiedlicher Betreiber, untereinander und mit übergreifenden Produktionsplanungs-, Energiemanagement- oder Lagersystemen, ermöglicht Energieeinsparungen, höhere Auslastungen und nicht zuletzt eine höhere Flexibilität.

Vor allem im Bereich der **Mobilkommunikation** werden Cyber-Physical Systems zu großen Veränderungen führen. Vernetzung und Integration von mobilen Endgeräten mit umfassender Sensorik mithilfe einer zuverlässigen und leistungsfähigen Mobilfunk-Infrastruktur bilden die Grundlage für viele Anwendungen von Cyber-Physical Systems. Bis 2014 wird der Anteil der deutschen Bevölkerung, der mobil das Internet nutzt, von 21 auf mehr als 40 Prozent wachsen.[9] Auch **Lokalisierung und Navigation** weisen große Wachstumspotenziale auf. Bis 2014 wird eine Verdoppelung des weltweiten Marktes für Endgeräte mit integrierten Satellitennavigationsempfängern gegenüber dem Niveau von 2009 erwartet.[10]

Ein weiterer Anwendungsbereich für Cyber-Physical Systems ist die **Landwirtschaft**, die mithilfe von Informationstechnik bereits heute Vorgänge optimiert: Übergreifende intelligente Systeme verknüpfen GPS-Ortung, Überwachungstechnik und Sensornetze, um den aktuellen Zustand von Ackerflächen zu bestimmen, und unterstützen landwirtschaftliche Erzeuger bei der optimierten Düngung der Felder. Dadurch erhöht sich die Effizienz in Landwirtschaftsprozessen und Böden können ökologisch sinnvoller genutzt werden.

---

[7] Studie im Auftrag der HSH Nordbank zur Zukunftsbranche Medizintechnik: Bräuninger/Wohlers 2008.
[8] Im deutschen Maschinen- und Anlagenbau waren Ende 2010 etwa 913 000 Menschen beschäftigt, in zahlreichen Teilbranchen sind deutsche Unternehmen Marktführer. Siehe VDMA 2011.
[9] BMWi 2010c. Unverzichtbar für die ständige Vernetzung von Endgeräten ist die Einführung und Durchsetzung der „Long Term Evolution" (LTE)- Mobilfunkstandards und -Netze.
[10] ABI Research 2009.

Im Bereich der **Warentransportlogistik** hat sich RFID als passive Technologie zur Identifikation, Lokalisation und Statusermittlung durchgesetzt. Bis jetzt erlauben diese Systeme jedoch nur, Positionen von Waren vergleichsweise ungenau zu bestimmen und ihre Zustände nur recht selten zu aktualisieren. Der Einsatz von Cyber-Physical Systems in der Logistik bietet mit intelligenten, aktiven Objekten Chancen für neue Anwendungen, etwa durchgängiges Positions-Tracking sowie Zustandsabfragen in Echtzeit, und eröffnet neue Möglichkeiten zur Planung und Kontrolle von Lieferungen. Weltweites Tracking und Tracing von Originalprodukten durch Cyber-Pysical Systems kann auch das Einschleusen von Plagiaten im Logistikprozess wirksam verhindern.

Cyber-Physical Systems ermöglichen mehr Komfort, Sicherheit und Energieeffizienz (etwa durch intelligente Systeme für das Management dezentraler Energieerzeugung wie Photovoltaik) in der **Heim- und Gebäudeautomation,**[11] beispielsweise in Wohngebäuden. In Gewerbe- und Produktionsgebäuden kommen zusätzliche Potenziale hinzu, etwa dann, wenn Gebäude- mit Maschinensteuerungen interagieren. Aufgrund derartiger Innovationen rechnet die Gebäudeautomationsbranche für das laufende Jahr 2011 mit einem Umsatzwachstum von fünf Prozent[12]. Entscheidender Wachstumstreiber in der Zukunft ist, dass sich Investitionen in Mess-, Steuer- und Regeltechnik sowie die damit verbundene Gebäudeleittechnik erheblich schneller amortisieren als Investitionen in andere energetische Maßnahmen.

Abgestützt auf Plattformen aus Cyber-Physical Systems entstehen Verbünde von Unternehmen aus unterschiedlichen Branchen und Industriesegmenten zur Gestaltung übergreifender Dienstleistungsangebote. Hardware- und Softwarehersteller, Anwendungsfirmen und Telekommunikationsanbieter führen ihre Kompetenzen zusammen, die für den Bau und Betrieb von Cyber-Physical Systems erforderlich sind. Das ermöglicht branchenübergreifende Produktinnovationen, die bestehende Marktgrenzen ignorieren, und beschleunigt das Zusammenwachsen bisher getrennter Märkte.

2.2 TREIBER DER ENTWICKLUNG VON CYBER-PHYSICAL SYSTEMS

Drei konvergente Trends fördern die Entstehung und Verbreitung von Cyber-Physical Systems:

(1) Smart Embedded Systems, mobile Dienste und „ubiquitäres" Computing.

Teil der Cyber-Physical Systems sind intelligente eingebettete Systeme, die bereits heute kooperativ und vernetzt agieren, allerdings meist noch als geschlossene Systeme. Vor allem in der Automobilbranche und der Luftfahrt, aber auch in der Telekommunikations- und Automatisierungstechnik sowie in der Produktion existieren schon ortsungebundene Dienste und Assistenzfunktionen. Durch zunehmende Vernetzung, Interaktion, Kooperation und Nutzung von Mobilitätsdiensten und weiteren Services aus dem Netz werden diese Dienste immer vielfältiger und reifer.

---

[11] Das Einsparpotenzial ist enorm, werden doch über 40 Prozent der Energie in Deutschland in Gebäuden verbraucht.
[12] Vgl. Pressemitteilung des Verbands Deutscher Maschinen- und Anlagenbau (VDMA) vom 06.01.2011 „Gebäudeautomationsbranche rechnet mit weiterem Wachstum in 2011" unter www.vdma.org

(2) Internetbasierte Geschäftsprozesse in zwei sich ergänzenden Ausprägungen:

a. Vor allem im Handel und in der Logistik werden „intelligente" und vernetzte Objekte (etwa mittels RFID-Technologie) genutzt. Zunehmend wird dabei das digitale Produktgedächtnis der Objekte auch für die Prozessoptimierung genutzt, etwa beim Warenfluss. Die Objekte passen sich flexibel an softwaregesteuerte Unternehmensprozesse an und interagieren über das Web mit Kunden. Diese können beispielsweise über das Internet verfolgen, wo sich ein Produkt momentan innerhalb einer Logistikkette befindet.

b. IT-Services dieser Art werden zunehmend in die *„Cloud"*, also an externe Dienstleister, ausgelagert; ihr Betrieb ist dadurch unabhängig von einem Rechenzentrum an einem bestimmten Ort. Die IT-Systeme müssen auch für die Auslagerung klassischer IT- und Verwaltungsaufgaben aus den Unternehmen sowie für das Übertragen von Aufgaben im Zusammenhang mit Handel, Logistik, Prozesscontrolling und *Billing* in die Cloud gerüstet sein. Zunehmend werden *Cloud Computing*-Dienste auch für Endnutzer bereitgestellt, etwa durch das Computer-Betriebssystem Google Chrome, das sehr konsequent auf Cloud-Ressourcen setzt.

Für Cyber-Physical Systems ist dieser Trend insofern relevant, als erst das *Business Web* die Fähigkeiten der eingebetteten Systeme im Internet als Services nutzbar macht und damit eine Reihe webbasierter Geschäftsmodelle ermöglicht.

(3) Soziale Netzwerke und Communities (Web 2.0) in zwei sich ergänzenden Ausprägungen:

c. Soziale Netzwerke, deren Zweck Kommunikation und soziale Interaktion sind, bündeln heute große Mengen von Daten und Informationen. Das gilt auch für offene Wissensnetzwerke: Unternehmen nutzen zunehmend Wiki-Systeme zur breit angelegten Bereitstellung von Informationen und Wissen. Für die Unternehmen sind die Nutzer potenzielle Kunden und die Netzwerke potenzielle Werbe- und Vermarktungsplattformen. Mit zunehmender Profilbildung und Spezialisierung der Teilnehmer entsteht die Nachfrage nach neuen Diensten, etwa nach allgemeinen oder domänenspezifischen *„Apps (Applications)"* und vernetzten Anwendungen. Endgeräte im Web 2.0, allen voran Smartphones und Tablets, steuern explizit und implizit eine Vielzahl von Sensoren bei; aus sozialen Netzwerken entsteht so unversehens ein Cyber-Physical System. Diesen Effekt gilt es aktiv und kontrolliert zu nutzen.

d. Communities aus einzelnen oder eng gekoppelten Entwicklergruppen treiben die Innovation. Sie sind meist um Entwicklungsplattformen organisiert; dabei handelt es sich oft um *Open-Source*-Projekte, die Software mit offenen Quellcodes entwickeln, und zwar entweder in Selbstorganisation oder unter der Lenkung durch ein Unternehmen oder Konsortium. Andere selbstorganisierte *Communities* sind auf bestimmte Anwendungsfelder spezialisiert, werden also getrieben aus einer speziellen Problemstellung von Nutzern und Kunden oder einem fachspezifischen sozialen Netzwerk.

Durch das Zusammenspiel der drei Trends und die evolutionäre Dynamik von (3) mit zunehmender Nachfrage nach Lösungen aus (1) und (2) entsteht ein enormes Innovationspotenzial für neue Dienste und Lösungen. Dieses Potenzial führt wiederum zu dynamischen Veränderungen in Märkten, in Industrie- und Geschäftszweigen und wirtschaftlichen Ökosystemen sowie zu einem Wandel der Geschäftsmodelle.

2.3 CYBER-PHYSICAL SYSTEMS ERFORDERN INTERDISZIPLINARITÄT

Cyber-Physical Systems bestehen aus physikalischen – also mechanischen, hydraulischen, elektrischen- und weiteren Systemen sowie aus Elektronik und Software. Sensorik, Aktorik, Produktionstechnik, Kommunikations- und Informationstechnik sowie Softwaretechnik gehen eine enge Verbindung ein. Die Herausforderung liegt in der Integration dieser sehr unterschiedlichen Disziplinen.

Cyber-Physical Systems erfordern für alle Bereiche der Systemgestaltung und -beherrschung interdisziplinäres, kooperatives Arbeiten in Netzwerken und Verbünden, die dem Ziel der Innovation gewidmet sind. Das betrifft

— Entwicklung, Produktion und Verwertung,
— Betrieb und Wartung,
— Dienstleistungen, Beratung, Anpassung und Weiterentwicklung,
— mittel- und langfristige Aufgaben der Strategieentwicklung und Evolution sowie
— das umfassende Engineering der Systeme durch Unternehmensverbünde mit den gemeinsamen Aufgaben der Strategie- und Plattformkooperationen im Rahmen eines Unternehmensnetzwerks, also eines wirtschaftlichen Ökosystems.

Um Cyber-Physical Systems zu verstehen und ihr gesamtes Potenzial erschließen zu können, ist zudem eine abgestimmte integrierte Sicht von Wissenschaft, Wirtschaft und Politik erforderlich.

2.4 VON DER VISION ZUR REALITÄT – WIE ENTSTEHEN CYBER-PHYSICAL SYSTEMS?

Cyber-Physical Systems werden in der Regel nicht als vollständig neue Systeme gebaut, sondern sie entstehen, indem existierende Infrastrukturen mit eingebetteter Informationstechnik vernetzt werden – mithilfe von Internet, Mobilfunkdiensten und *Cloud*-Lösungen. Die Leistungsfähigkeit und Komplexität der neu entstehenden Systeme wird besonders bei der Vernetzung zwischen zwei oder mehr Domänen deutlich, wenn also Cyber-Physical Systems aus unterschiedlichen Anwendungsbereichen, etwa Mobilität und Gesundheit, miteinander verbunden und integriert werden (s. Abb. 2).

Abb. 2 zeigt einen schalenartigen Aufbau zweier Anwendungsdomänen (Mobilität und Gesundheit) und fasst ihre Komponenten, Nutzergruppen und wechselseitigen Kommunikationsbeziehungen schematisch zusammen. Von besonderer Bedeutung sind die funktionalen Überlappungen, die wie folgt charakterisiert werden können:

— **Kontrollierter Kernbereich:** Dieser Bereich umfasst herkömmliche, geschlossene, eingebettete Systeme eines Anwendungsgebiets, die durch kontrollierte Interaktion mit der Umgebung gekennzeichnet sind. Ein Beispiel sind elektronische Mautstationen im Toll-Collect-System. Betriebssicherheit und Vorhersagbarkeit sind bei korrekter Bedienung gewährleistet.
— **Erweiterter Anwendungsbereich:** Hier kooperieren Systeme und Komponenten des Anwendungsgebiets mit spezifiziertem Verhalten in vorherbestimmten Nutzungssituationen (Beispiel Abrechnung in der Logistik). Voraussetzung für das Funktionieren sind Nutzer mit besonderer Ausbildung, die sich regelkonform verhalten, wie etwa Verkehrspiloten.

Abbildung 2: Schematische Darstellung der domänenübergreifenden Integration von Cyber-Physical Systems

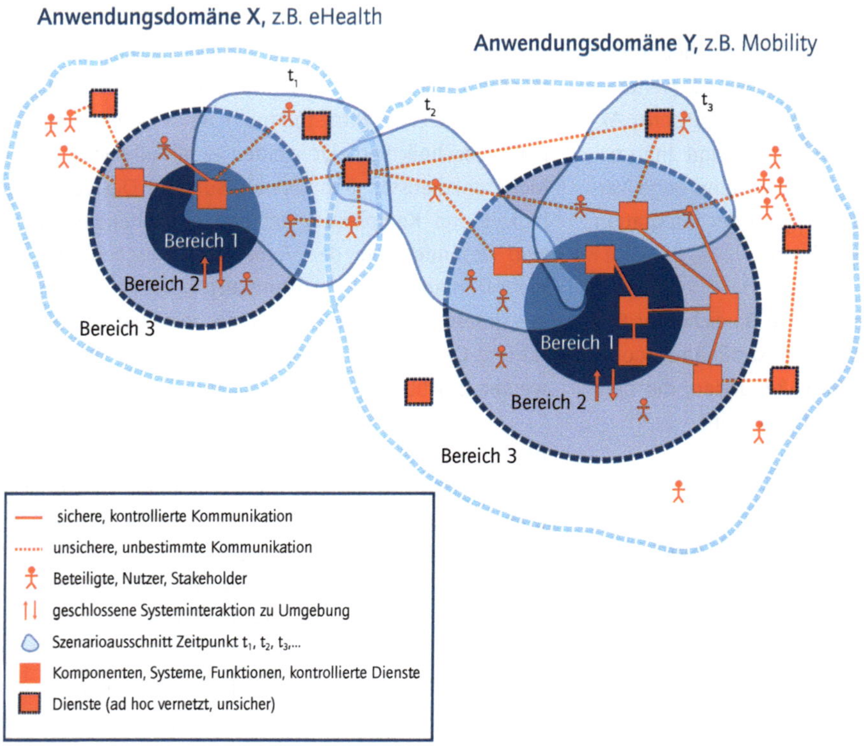

- **Domänenübergreifende Vernetzung:** Cyber-Physical Systems in offenen Umgebungen bestehen aus Nutzern, Akteuren (auch in sozialen Netzen), Diensten (auch solchen, die über das Internet bereitgestellt werden) und Informationen mit dynamischer Einbindung, unklarer Verlässlichkeit und Verfügbarkeit. Die Herausforderung für die Gestaltung ist, dass hier Nutzer und offene Systeme ad hoc interagieren. Ein Beispiel ist die dynamische Einbindung aktueller Verkehrsinformation zu Staus, Flug- und Zugverspätungen sowie von Terminänderungen in ein Assistenzsystem, wodurch Reisen relativ zum Reiseverlauf und -status geplant werden können.

Als Basis für interoperable und kompatible Cyber-Physical Systems, Komponenten und Dienste mit entsprechenden Schnittstellen und Protokollen gilt es, standardisierte, flexible Infrastrukturen und Kommunikationsplattformen allmählich aufzubauen (s. Abb. 3).

Abb. 3 illustriert die idealtypische Schichtenstruktur von Cyber-Physical Systems. Diese umfasst sowohl die Kommuni-

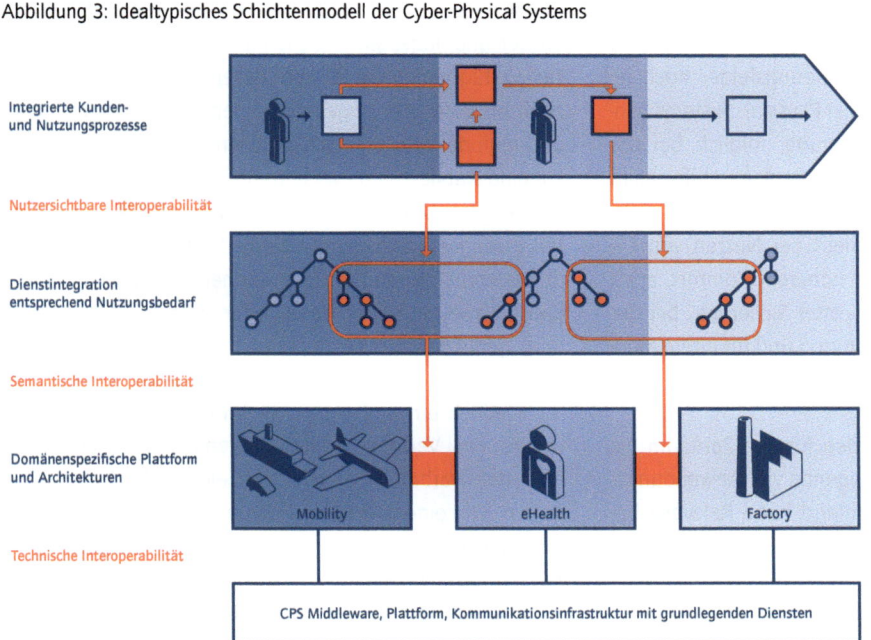

Abbildung 3: Idealtypisches Schichtenmodell der Cyber-Physical Systems

kationsinfrastruktur mit grundlegenden Diensten (unterster Kasten), als auch die Middleware. Auf dieser Basis können anwendungsspezifische Plattformen aufgebaut werden, die ihre Daten über Schnittstellen austauschen. Auf diesen Plattformen werden Dienste für den gezielten Zugriff bereitgestellt. Dafür muss eine fachliche Interoperabilität gegeben sein, die eine einheitliche Interpretation der Daten zwischen den Diensten gewährleistet. Die oberste Schicht zeigt die Anwendungssicht, auf die die Benutzer zugreifen.

Entscheidend für eine Vernetzung von Cyber-Physical Systems über Anwendungsgrenzen hinweg ist, dass Informationen aus unterschiedlichen Anwendungen semantisch kompatibel sind. Diese „semantische Interoperabilität" ermöglicht letztlich das Zusammenspiel von Anwendungen.

Eine Übersicht über die spezifischen Fähigkeiten der Cyber-Physical Systems ist im Anhang tabellarisch aufgeführt (Abb. 7); die wichtigsten Eigenschaften sind in Spalten zusammengefasst. Im Einzelnen werden die Kategorien

— eingebettete Systeme mit Anbindung an die physikalische Umgebung in Echtzeit durch Sensoren und Aktoren,
— „Systems of Systems" (SoS) durch die Vernetzung von eingebetteten Systemen,
— Adaptivität und Teilautonomie,
— kooperative Systeme mit verteilter Kontrolle,
— und umfassende Mensch-Maschine-Kooperation

aufgelistet. Die letzte Spalte fasst wesentliche Fähigkeiten und geforderte Qualitätseigenschaften zusammen.

3 ZUKUNFTSPOTENZIAL VON CYBER-PHYSICAL SYSTEMS – 2025

Cyber-Physical Systems leisten Beiträge zu Antworten auf zentrale Herausforderungen unserer Gesellschaft und sind für zahlreiche Branchen und Anwendungsfelder hoch relevant. Unternehmen bieten Cyber-Physical Systems Unterstützung bei der Prozessoptimierung, folglich bei der Kosten- und Zeiteinsparung und außerdem Hilfe beim Energiesparen und damit bei der Verringerung von CO_2-Emissionen. Für Privatanwender liegt der Nutzen von Cyber-Physical Systems vor allem in höherem Komfort, etwa in Assistenz für Mobilität, in vernetzter Sicherheit, bei der individuellen medizinischen Versorgung und für ältere Menschen auch im Bereich des betreuten Wohnens.

In der Studie zu *agendaCPS* wurden für den Zeitraum bis 2025 in detaillierten Szenarien folgende vier Anwendungsfelder untersucht, die für Deutschland hohe Relevanz besitzen:

— **Energie** – Cyber-Physical Systems für das Smart Grid
— **Mobilität** – Cyber-Physical Systems für vernetzte Mobilität
— **Gesundheit** – Cyber-Physical Systems für Telemedizin und Ferndiagnose
— **Industrie** – Cyber-Physical Systems für die Industrie und automatisierte Produktion

Die folgenden Abschnitte sollen die Szenarien in Ausschnitten verdeutlichen. Ausführlich werden sie in der Studie des Projekts *agendaCPS* dargestellt.

3.1 CYBER-PHYSICAL SYSTEMS FÜR DAS SMART GRID

Die Energieversorgung in Deutschland wie auch in Europa steht vor einem Umbruch. Jederzeit verfügbare Energie aus konventionellen Kraftwerken (Kerntechnik, Kohle und Gas) wird schrittweise durch Energie aus erneuerbaren Quellen ersetzt. Der Wandel ist politisch und gesellschaftlich gewollt.

Wind- und Sonnenenergie stehen – in Abhängigkeit von Wetter und Tageszeit – nicht immer im gleichen Ausmaß zur Verfügung. Volatile und dezentral erzeugte Energie steht bis dato aber ungeregelt einem insbesondere zeitlich und regional sehr unterschiedlichen Verbrauch gegenüber. Für eine stabile Energieversorgung jedoch muss im Elektrizitätsnetz das Angebot stets die Nachfrage abdecken. Dezentral erzeugte Energie und volatile Verfügbarkeit erfordern umfassende Steuerung. Dazu können Energiewandlungen (beispielsweise Speicherung oder Strom-Gas-Transformation) genutzt und Energiepreise in Abhängigkeit von der Verfügbarkeit des Stroms flexibel gestaltet werden. Das setzt jedoch ein umfangreiches Informationsmanagement voraus, das Verbrauchsdaten laufend erfasst, Prognosen über den Verbrauch erstellt und elektrische Verbraucher steuert. Um eine zuverlässige Stromversorgung auch in Zukunft zu gewährleisten, muss das Stromnetz „intelligent" werden: Stromerzeuger und -speicher, die Netzsteuerung und elektrische Verbraucher müssen also miteinander vernetzt werden. So entsteht das „Internet der Energie", dessen Umsetzung die Bundesregierung seit April 2007 mit dem Programm „E-Energy – IKT basiertes Energiesystem der Zukunft" fördert. Migrationspfade auf dem Weg in ein solches *„Future Energy Grid"* beschreibt die Anfang 2012 erscheinende acatech STUDIE gleichen Namens. Die starke Vernetzung durch Informations- und Kommunikationstechnik im Rahmen des Smart Grids ermöglicht außer der stabilen Energieversorgung zudem weitere vielfältige Funktionen und Dienste. Dafür bilden Cyber-Physical Systems eine wesentliche technologische Grundlage.

3.2 CYBER-PHYSICAL SYSTEMS FÜR VERNETZTE MOBILITÄT

Im Bedarfsfeld Mobilität, also im Verkehr, wird erst durch Cyber-Physical Systems eine umfassende Vernetzung der unterschiedlichen Transportmittel möglich. Das gilt für einzelne Fahrzeuge und Verkehrsteilnehmer, aber auch für die gesamte Verkehrsinfrastruktur. Die Vernetzung in Cyber-Physical Systems schafft neue Möglichkeiten, Unfälle zu vermeiden, mit begrenzten Energieressourcen schonend umzugehen und die Umweltbelastung zu reduzieren.

Insbesondere in der Elektromobilität nehmen Cyber-Physical Systems eine Schlüsselrolle ein, da sie die Grundlage für das Energie-, Batterie- und Lademanagement liefern. Das Potenzial von Cyber-Physical Systems geht jedoch weit darüber hinaus: Sie können zum Beispiel mittels eines verteilten Verkehrsmanagements als Planungs- und Koordinationsassistenz dienen und auf unvorhergesehene Situationen wie Staus reagieren. Das setzt voraus, dass die einzelnen Systeme untereinander ununterbrochen Informationen austauschen, etwa in Echtzeit verfügbare Wetterdaten oder Informationen zur Verkehrssituation, zu Störungen und zur Verfügbarkeit alternativer Reisemittel und -routen. Abb. 4 illustriert schematisch unterschiedliche Verkehrsmittel und ihre Vernetzung.

Abbildung 4: Vernetzte Mobilität durch verteiltes Verkehrsmanagement

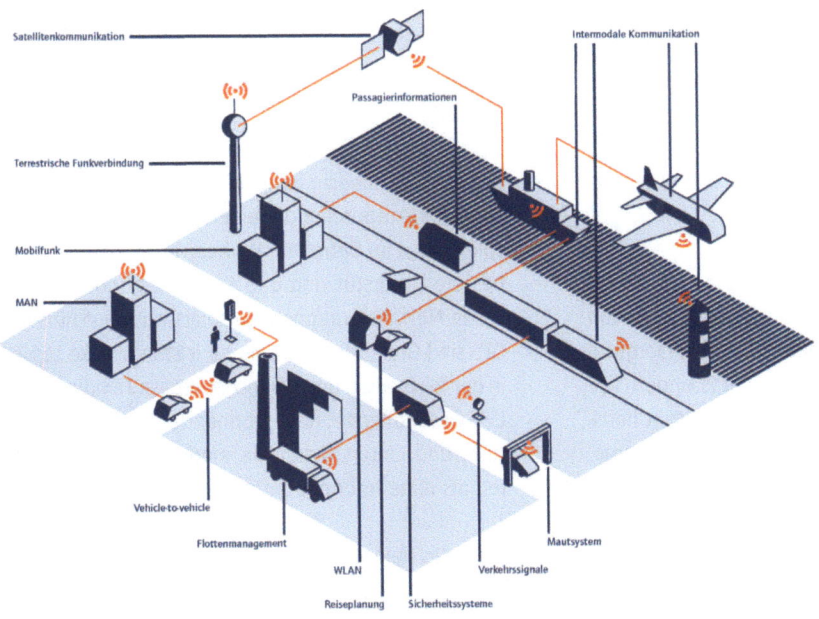

Der Mehrwert von Cyber-Physical Systems für das vernetzte Verkehrsmanagement ist vielfältig:

- Erhöhung der Verkehrssicherheit, etwa durch das Erkennen von Gefahren und Hindernissen (unter Einbeziehung des Austauschs von Informationen mit anderen Akteuren), optimales Verkehrsmanagement und infolgedessen das Vermeiden von Staus,
- höherer Komfort für einzelne Verkehrsteilnehmer, etwa durch Zeitersparnis mithilfe intelligenter Assistenten,
- Verbesserung der ökologischen Bilanz durch geringere Umweltbelastung infolge des verbesserten Verkehrsmanagements, hierdurch geringerer CO_2-Ausstoß durch geringeren Treibstoffverbrauchs sowie
- verbesserte Ökonomie aufgrund einer besseren Ausnutzung von Verkehrsmitteln und Verkehrsinfrastruktur, zudem Unfall- und Schadensvermeidung, basierend auf den zur Verfügung gestellten Informationen und Diensten.

3.3 CYBER-PHYSICAL SYSTEMS IN DER TELEMEDIZIN UND FÜR BETREUTES WOHNEN

Auch für den Gesundheitsbereich ist die rasante Entwicklung der Informations- und Kommunikationstechnik von Vorteil. Visionen der zukünftigen medizinischen Versorgung unserer Gesellschaft beruhen auf einer umfassenden Vernetzung von Patienten und Ärzten sowie der Gesundheitsüberwachung mit Hilfe moderner Smart-Health-Systeme. Die Erfassung medizinischer Daten durch geeignete Sensorik sowie ihre Verarbeitung und Auswertung in Echtzeit ermöglichen eine individuelle medizinische Betreuung von Patienten mit Langzeiterkrankungen. Im Smart-Health-System lassen sich individuelle medizinische Bedürfnisse berücksichtigen und die steigende Zahl alter Menschen besser unterstützen und betreuen.

Senioren werden mithilfe von Cyber-Physical Systems in die Lage versetzt, weiterhin autonom zuhause zu leben, ohne auf eine umfassende medizinische Versorgung verzichten zu müssen. Ein Überwachungsdienst für Patienten mit Herzschrittmachern kann beispielsweise warnen, wenn medizinische Vitalparameter, über Sensoren erfasst, vom Normalzustand abweichen. Gegebenfalls kann der Dienst unter Angabe der Position des Patienten einen automatischen Notruf absetzen. Die medizinischen Sensordaten, Information des Patienten und des medizinischen Personals über Vitaldaten sowie das Erkennen von und Reagieren auf Notfallsituationen ermöglicht eine höhere Zielgenauigkeit in der medizinischen Versorgung. Diese leistet gleichzeitig einen wertvollen Beitrag zur Kostenbegrenzung im Gesundheitswesen.

Der Mehrwert von Cyber-Physical Systems für Smart Health ist vielfältig:

- umfassende medizinische Versorgung ohne Einschränkung der Autonomie der eigenen Lebenssituation (beispielsweise im betreuten Wohnen)
- bessere Unterstützung und Erstversorgung in medizinischen Notfallsituationen, beispielsweise auf Reisen
- CPS sind Grundvoraussetzung für leistungsstarke Lösungen in der Telemedizin und der medizinischen Ferndiagnose.
- CPS-Gesundheitsportale können ausgedehntere Beratung und Unterstützung in medizinischen Fragen bieten als reine Informationsforen.

In Zeiten des demographischen Wandels tragen Cyber-Physical Systems dazu bei, dass sich ältere Menschen länger sicher und aktiv eigenständig versorgen und am gesellschaftlichen Leben teilnehmen können. Das steigert die Lebensqualität deutlich und trägt erheblich zur notwendigen Reduzierung der Pflegekosten bei. Trotz aller Potenziale – insbesondere im Anwendungsfeld Smart Health stellen sowohl die Sensibilität der Patientendaten als auch das bundesdeutsche Gesundheitssystem mit den hohen Beharrungskräften der beteiligten Akteure eine zentrale Barriere für die für CPS erforderlichen technologischen Kooperationen dar.

3.4 CYBER-PHYSICAL SYSTEMS FÜR DIE FABRIK DER ZUKUNFT

Cyber-Physical Systems sind auch in der industriellen Produktion von hoher Relevanz, um individuelle Kundenwünsche umsetzen zu können. Innerbetriebliche Produktionsprozesse lassen sich optimieren und damit bessere Ökobilanzwerte erzielen. Es werden Fertigungsanlagen entstehen, die mittels Cyber-Physical Systems nahezu in Echtzeit auf Veränderungen im Markt und in der Lieferkette reagieren und hochflexibel auch über Unternehmensgrenzen hinweg kooperieren können. Das ermöglicht nicht nur die rasche Produktion nach kundenindividuellen Vorgaben; auch der Produktionsablauf innerhalb von Unternehmen kann über ein Netz weltweit kooperierender, adaptiver, evolutionärer und sich selbst organisierender Produktionseinheiten unterschiedlicher Betreiber optimiert werden.

Das Einsparpotenzial und die Innovationskraft solcher Anlagen sind enorm. Anlagenbetreiber haben dafür ohne Zweifel Bedarf. Deutschland verfügt über viele der notwendigen Kompetenzen. Diese sind jedoch aktuell noch zu stark verteilt: Auf Anlagenbetreiber sowie auf Unternehmen des Maschinen- und Anlagenbaus (Fertigungsindustrie und Prozessindustrie), der Logistik der Automatisierungstechnik und der IKT-Industrie.

Um einen branchenübergreifenden Transformationsprozess hin zu Cyber-Physical Systems einzuleiten, gilt es, große Herausforderungen zu bewältigen. Dazu zählen neue Produktionsprozesse, korrekte abgesicherte Modelle der Produktion, robuste Produktionsverfahren, stabil arbeitende Maschinen mit vorhersagbaren Eigenschaften, geeignete Modelle und Simulationsverfahren für Prozesse und Maschinen, sichere Verfahren der künstlichen Intelligenz, Sicherheit in den Netzen und extreme Echtzeitfähigkeit zu bewältigen.[13]

Die sich aus offenen Netzwerken gewissermaßen "bottom-up" ergebenden neuen Wertschöpfungsmöglichkeiten für die Produktion werden auch unter den Stichworten "Bottom-up-Ökonomie" und "open production" diskutiert.[14]

Der Mehrwert von Cyber-Physical Systems für Smart Factories ist vielfältig:

— Optimierung der Produktionsabläufe durch CPS: Die Einheiten einer Smart Factory kennen ihre Einsatzgebiete, Konfigurationsmöglichkeiten sowie Produktionsrahmenbedingungen und kommunizieren eigenständig drahtlos miteinander,
— optmierte Herstellung eines kundenindividuellen Produkts durch intelligente Zusammenstellung eines idealen Produktionssystems unter Berücksichtigung von Produkteigenschaften, Kosten, Logistik, Sicherheit, Zuverlässigkeit, Zeit und Nachhaltigkeit.
— ressourceneffiziente Produktion
— bedarfsgerechte Anpassung an die menschliche Arbeitskraft („die Maschine folgt dem Takt des Menschen")

---

[13] S. Abele/Reinhart 2011 sowie Vogel-Heuser 2011.
[14] „Vielmehr ist es erforderlich, sich von der Vorstellung eines Produktionsunternehmens als Fabrik im Sinne einer rechtlich selbständigen, zentralisierten Einheit zu lösen, um auch unkonventionelle Entwicklungsmodelle zu ermöglichen." (Wulfsberg/ Redlich 2011, S. V.)

4 HERAUSFORDERUNGEN DURCH CYBER-PHYSICAL SYSTEMS FÜR DEUTSCHLAND

Mit der Fortentwicklung der Cyber-Physical Systems sind weitreichende Herausforderungen für Deutschland verbunden, sowohl genereller als auch spezieller Natur. Die umfassende Komplexität der Aufgabe zeigt sich technisch, methodisch und fachlich in der Forschung und Entwicklung, dazu in der Nutzung und den Auswirkungen der Cyber-Physical Systems auf Wirtschaft und Gesellschaft. Komplexität zu beherrschen bzw. zu reduzieren sowie die Systeme hochflexibel auszugestalten sind unabdingbare Voraussetzungen für langfristigen den Erfolg der Entwicklung und Nutzung von Cyber-Physical Systems.

4.1 WISSENSCHAFTLICHE HERAUSFORDERUNGEN

Durch Cyber-Physical Systems entstehen heterogene vernetzte Gebilde aus physikalischen Systemen, Elektronik und Software. Diese Systeme führen zu einem neuen Systembegriff und erfordern eine ganzheitliche systemische Sicht. Um diese Art von Systemen beherrschen zu können, werden theoretische Ansätze benötigt, die ein Zusammenwachsen klassischer Modelle des Maschinenbaus und der Elektrotechnik mit den digitalen Modellen der Informatik ermöglichen. Eher abstrakte Modelle der Informatik für Fragen der Informations- und Wissensverarbeitung müssen mit Modellen der physikalischen Welt zur Darstellung von Zeit und Raum verschmolzen werden. Erfordernisse geschlossener eingebetteter Systeme – wie Reaktion in Echtzeit, funktionale Sicherheit und absolute Zuverlässigkeit – müssen mit den Eigenschaften bzw. den Einschränkungen offener Systeme – wie eingeschränkte Verfügbarkeit und dynamische Erweiterbarkeit – kombiniert werden.

Cyber-Physical Systems können letztlich nur mithilfe neuer Modelle und Entwurfsmethoden für vernetzte technische Systeme (Multi-Ebenen-Systeme) effizient entwickelt werden. Charakteristisch ist, dass dabei nicht die Optimierung dieser Systeme, sondern die Beherrschung ihrer Komplexität und die Erzeugung neuer Funktionalitäten wie Adaptivität der Systeme, Lernen von Funktionen, Selbstorganisation etc. eine wesentliche Rolle spielen werden. Etwas plakativ formuliert: So wie technische Systeme durch Cyber-Physical Systems vernetzt werden, müssen sich unterschiedliche Wissenschaftszweige untereinander vernetzen. Zum Beispiel ist die Vernetzung von Anti-Blockier-Systemen (ABS) und unterstützten Lenksystemen (*Electric Power Steering/ EPS*) unmöglich ohne die interdisziplinäre Verknüpfung von Methoden des Maschinenbaus, der Kommunikations- und Informationstechnik und der Informatik.

Für die Konzeption und Entwicklung entsprechender Systeme sind Ansätze erforderlich, die Konzepte des *Systems Engineering* konsequent so erweitern, dass sie auch auf Cyber-Physical Systems anwendbar sind. Dazu besteht innerhalb der einzelnen Disziplinen Forschungsbedarf; es gilt, disziplinspezifische Ansätze für die Integration in Cyber-Physical Systems aufzubereiten. Als zentrale Herausforderung müssen in der Informatik Ansätze gefunden werden, wie über Kommunikationsnetze, deren Verhalten nur stochastisch, also unter Annahme von Wahrscheinlichkeiten, modellierbar ist, Anwendungen mit harten, präzisen Realzeitanforderungen ablaufen können.

Das zukünftig allgegenwärtige Auftreten von Cyber-Physical Systems stellt die Wissenschaft vor die Aufgabe mittels neuer Modelle und Entwurfsmethoden vernetzte technische Systeme effizient zu entwickeln. Dabei wird weniger die technische Optimierung der Systeme eine Rolle spielen. Vielmehr stehen das Beherrschen von Komplexität und das Realisieren neuer Funktionalitäten durch die Adaptivität der Systeme und das Kombinieren von Funktionen im Vordergrund.

Cyber-Physical Systems erfordern demnach eine interdisziplinäre Vernetzung über Anwendungsgrenzen hinweg. Einschlägiges IT-Know-how als **essenzieller Teil beruflicher Qua-**

lifikationen wird zum Schlüssel, um Cyber-Physical Systems in Deutschland entwickeln und von hier exportieren zu können. Dies erfordert ein Umdenken in Richtung einer Öffnung und besseren Verzahnung vor allem der Ingenieurswissenschaften und der Informatik mit anderen Disziplinen, zum Beispiel der Betriebswirtschaft oder den Kognitionswissenschaften. Dazu zählt auch die Aufwertung interdisziplinärer Projekte im Sinne wissenschaftlicher Reputation.

Unsere Ausbildungssysteme an den Schulen, Hochschulen und Universitäten sowie unsere Entwicklungsprozesse und -methoden sind bisher nur bedingt dazu geeignet, Cyber-Physical Systems zu beherrschen.

4.2 TECHNOLOGISCHE HERAUSFORDERUNGEN

Technologisch stellen Cyber-Physical Systems aufgrund ihrer Komplexität und Interdisziplinarität neue Anforderungen an die Beherrschbarkeit des Konstruierens und Betreibens: Wie sind Cyber-Physical Systems zu bauen, zu steuern und zu warten? Wie sieht Kontrolle in offenen Systemen aus? Wie lassen sich Anwendungen mit harten Realzeitanforderungen über Kommunikationsnetze realisieren, die nur stochastisch beschrieben werden können? Erforderlich ist ein systemischer Ansatz zur Beherrschung der Kernthemen der Entwicklung, wie der Ermittlung der Anforderungen und des Entwurfs der Architektur. Dies zielt auf Fragen der Interoperabilität, der Schnittstellen, offener und proprietärer Standards, der Qualität, der Domänenmodelle und Werkzeuge. Das Beherrschen der Anforderungsermittlung ist bereits Teil der Funktionsentwicklung. Die Gestaltung der Architekturen für Cyber-Physical Systems schließt Fragen der Kommunikationstopologie ein, ferner Referenzarchitekturen, offener Architekturen und modularer Dienstarchitekturen. Zentral sind zudem Herausforderungen im Bereich der **Sicherheit** (Informationssicherheit und funktionale Sicherheit), Nutzbarkeit und Zuverlässigkeit, Zukunftssicherheit (Evolutionsfähigkeit), Nutzung (Mensch-Maschine-Interaktion, Akzeptanz, Ergonomie). Hinzu kommen Fragen der **technischen Realisierung** durch Hardware und Mechanik (Sensorik, Aktorik, Mechanik, Energieversorgung, drahtgebundene und drahtlose Kommunikation, Endgeräte, *Middleware* und Plattformen). Die **Beherrschung der Entwicklung und des Engineering** erfordert Prozesse und Methoden wie verteilte Entwicklung, Nutzereinbindung, integrierte Methoden und Modelle für physikalische Anteile, Elektronik und Software.

Cyber-Physical Systems erfordern unterschiedliche Applikationen schnell und unkompliziert miteinander zu vernetzen, sowohl statisch zur Entwicklungszeit als auch dynamisch im Betrieb. Dazu ist eine ausgeprägte **Interoperabilität** auf allen Abstraktionsebenen der Cyber-Physical Systems notwendig. Das gilt auf der technischen Ebene, etwa hinsichtlich der Protokolle sowie der elektronischen und elektrotechnischen Kompatibilität der Systeme, auf der Architekturebene im Sinne des Zusammenspiels der unterschiedlichen Komponenten, einem logischen Entwurf entsprechend, und vor allem auf der fachlichen Ebene. Interoperabilität offener Systeme auf fachlicher und semantischer Ebene erfordert Techniken des „automatischen Schließens" (*automatic reasoning*), der Wissensrepräsentation, des *Semantic Web* und der semantischen Interpretation von Daten und Diensten.

Über die reine Interoperabilität hinaus muss die **Portierbarkeit von Anwendungen** über die verschiedenen Ebenen von der *Cloud* bis auf die Endgeräte mit *Seamless Roaming* über die unterschiedlichen drahtgebundenen und drahtlosen Netze als Ziel definiert werden, wie das durch den Begriff des *Compute Continuums* angesprochen wird. Zum Beispiel muss ein auf dem heimischen PC über DSL begonnener Download eines Videos für die Unterhaltung der Kinder auf der Urlaubsfahrt nahtlos an das Entertainment-System im Auto übergeben werden können, wo der Rest des Videos über eine drahtlose Anbindung heruntergeladen wird.

Die **Virtualität der Cyber-Physical Systems** besagt, dass die Funktionen der Systeme in weiten Bereichen unabhängig sind von Materialien, Orten und Geräten, dazu losgelöst von physikalischen Beschränkungen, und dass sie doch ein Bild der Realität schaffen. Virtualität stößt natürlich an Grenzen der Physik. Trotzdem ist die Ortsungebundenheit von Daten, Informationen und Diensten und ihre Unabhängigkeit von bestimmten Geräten oder Infrastrukturen essenziell.

Entscheidend ist neben der technischen Beherrschung der virtuellen Ebene auch die Berücksichtigung und Integration der physikalischen Prozesse und der physikalischen Komponenten, die in Cyber-Physical Systems eingebunden sind. Das Zusammenspiel der physikalischen Verkopplung der Komponenten und ihrer virtuellen Vernetzung ist eine der technischen Herausforderungen. Vor allem die physikalischen Komponenten bilden eine wichtige Triebkraft zur Entwicklung von Cyber-Physical Systems, beispielsweise in intelligenten Energiesystemen.

4.3 WIRTSCHAFTLICHE HERAUSFORDERUNGEN

Neben der technischen Entwicklung müssen Cyber-Physical Systems vermarktet, betrieben und vertrieben werden. Die heutigen Industriestrukturen der Bundesrepublik Deutschland sind jedoch noch geprägt von weitgehend hierarchisch organisierten und gestaffelten Lieferantennetzwerken. Typisch ist dabei eine kleine Zahl sehr dominanter Original Equipment Manufacturer (OEMs) mit zunächst großen Zulieferunternehmen im Zentrum, die sich selbst, mehrfach gestaffelt, weiterer kleinerer Zulieferer bedienen. Daraus resultiert ein Großteil der Stärke der deutschen Industriestruktur in ihrer Ausprägung in Großunternehmen und einer Vielzahl von sehr erfolgreichen kleineren und mittleren Unternehmen. Speziell für Deutschland liegt die Herausforderung darin, sowohl das unternehmerische Know-how als auch eine Unternehmenslandschaft zu fördern, die aus Cyber-Physical Systems umfassend Wertschöpfung generieren kann.

Cyber-Physical Systems unterstützen und beschleunigen den durch *E-Commerce* Mitte der 1990er Jahre begonnenen Wandel unseres Wirtschaftssystems weg von klassischer Produktentstehung und dem Vertrieb hin zu Entwicklungs- und Produktionsgemeinschaften in flexiblen Firmennetzwerken mit global abrufbaren Diensten. Es werden grundlegend neue Geschäftsmodelle durch Cyber-Physical Systems entstehen, für die Infrastrukturen (Plattformen, Breitbandnetze) aber auch Standards benötigt werden.

Bisherige isolierte wirtschaftliche „Silos" – also proprietäre Lösungen der Unternehmen – werden durch die domänenübergreifenden Wirkungen von Cyber-Physical Systems aufgelöst und entwickeln sich zu offenen Systemen. Es entstehen Austauschplattformen, über die Unternehmen und Kunden einander ad hoc, wechselseitig und kontextabhängig finden und gemeinsam Märkte erschließen. Die Folge ist eine Entwicklung der bis dato hierarchischen Beziehungen zwischen Zulieferern, Fertigungsunternehmen und Kunden hin zu Unternehmensnetzwerken. Der Wettbewerb im Markt wird sich vom Wettbewerb einzelner Firmen zum Wettbewerb von Unternehmensnetzwerken verlagern.

Die Vernetzungskomponente von Cyber-Physical Systems und offene Standards werden die notwendigen Kollaborationen und die Bildung unternehmerischer Ökosysteme unterstützen. Cyber-Physical Systems führen zu neuen Unternehmensrollen und -funktionen, wie etwa Serviceaggregatoren, die einzelne Dienste von Anbietern sammeln und als Gesamtlösung über gemeinsame Plattformen verkaufen. Bisher fehlen Betreibermodelle für Plattformen für Cyber-Physical Systems. Das Know-how dazu ist weitgehend vorhanden.

4.4 POLITISCHE HERAUSFORDERUNGEN

Die Politik wird durch Cyber-Physical Systems vor grundlegende Herausforderungen gestellt, da **Regeln für offene Systeme** geschaffen werden müssen. Der Umgang mit den riesigen Datenvolumina, die durch Cyber-Physical Systems entstehen, sowie das Management und die Speicherung dieser Daten erfordern eine hohe **Informationssicherheit**. Von Datenschutz und -sicherheit sowie von der Frage, ob Menschen diesen Systemen vertrauen können, hängt auch die Akzeptanz durch die Bevölkerung ab. Ferner bestehen Sicherheits- und Haftungsfragen.

Vor diesem Hintergrund ist es wichtig, **rechtliche Rahmenbedingungen** zu schaffen, vor allem, um sicherheitsanfällige wie -kritische Infrastrukturen zu schützen und Haftungsfragen zu klären. Offen ist insbesondere die Frage der Erhebungs- und Eigentumsrechte an Daten, die für Cyber-Physical Systems relevant sind, einschließlich der Zugangsrechte Dritter sowie alle damit verbundenen Regulierungsfragen. Die durch Cyber-Physical Systems entstehende Flut an Primärdaten, die in Echtzeit erfasst werden, wirft die Frage auf, wer diese Daten unter welchen Bedingungen erfassen darf, wer unter welchen Voraussetzungen Zugangsrechte zu diesen Daten oder Teilmengen davon hat und wie diese Daten organisatorisch verwaltet werden sollen.

Da es in vielen Fällen nicht sinnvoll und ökonomisch nicht vertretbar oder unmöglich ist, Daten zu gleichen Sachverhalten mehrfach zu erfassen, stellt sich die Frage nach der Offenheit der Datenbestände. Und nicht zuletzt gehen Cyber-Physical Systems mit **hohen Investitionen in die technische Infrastruktur** der Systeme einher, deren Finanzierung gesichert und bereitgestellt werden muss.

Die Politik steht zudem vor der Aufgabe, **die wirtschaftlichen Rahmenbedingungen zu schaffen**, um die technische Ausgestaltung zu sichern und dafür zu sorgen, dass es genug qualifizierte Fachkräfte gibt.

Durch Cyber-Physical Systems greift Technik in hohem Ausmaß in gesellschaftliche und wirtschaftliche Prozesse ein. Deshalb ist die Politik auch gefordert, einen **gesellschaftlichen Diskurs** in Gang zu setzen, um ein Bewusstsein für die vielfältigen Dimensionen des Technologietrends Cyber-Physical Systems zu schaffen und die Bevölkerung über Chancen und Risiken zu informieren.

4.5 GESELLSCHAFTLICHE HERAUSFORDERUNGEN

Grundlegend für den Erfolg von Cyber-Physical Systems ist die gesellschaftliche Bereitschaft, diese neue Technologie anzunehmen, sie einzusetzen und weiterzuentwickeln. Eine erfolgskritische Voraussetzung für die Nutzung von Cyber-Physical Systems ist die **Akzeptanz durch die Nutzer**. Akzeptanz heißt, dass Nutzer technisch konzipierte Systeme letztendlich als positiv empfinden, sie darum annehmen und bereit sind, sie zu nutzen. Die Vergangenheit hat gezeigt, dass es außerordentlich schwierig ist, Akzeptanz vorherzusagen. Gleichzeitig gilt, dass Akzeptanz sehr eng von gut gestalteter Mensch-Maschine-Interaktion abhängt. Darum müssen Fragen der Akzeptanz beim Gestalten von Cyber-Physical Systems von Anfang an umfassend adressiert werden. Von zentraler Wichtigkeit in diesem Kontext sind die Privatsphäre, das Festlegen von Grenzen für Systeme sowie die gesellschaftlich gewünschte und legitimierte Einschränkung der Funktionalität von Cyber-Physical Systems.[15]

Vor diesem Hintergrund erscheint es unumgänglich, einen **stärkeren gesellschaftlichen Diskurs** in Gang zu setzen, der sich mit einer Reihe von Grundsatzfragen zu Cyber-Physical Systems auseinandersetzt. Beispiele für solche Fragen

---

[15] Vgl. den Beitrag „Gesellschaftliche Relevanz Intelligenter Objekte" in Herzog/Schildhauer 2009.

sind Formen der Abhängigkeit der Menschen von autonom entscheidenden Systemen, rechtliche Konsequenzen, Werte und Wertsysteme der Menschen im Hinblick auf Cyber-Physical Systems, die Frage, wie sich zwischenmenschliche Kommunikation unter dem Einfluss von Cyber-Physical Systems entwickelt und in welchem Umfang es verantwortbar ist, weite Teile der kritischen Infrastruktur auf Cyber-Physical Systems auszurichten. Nicht zu vergessen ist die Frage, welche Maßnahmen erforderlich sind, um Risiken zu begrenzen.

5 THESEN ZUR ENTWICKLUNG VON CYBER-PHYSICAL SYSTEMS IN DEUTSCHLAND

Die Zeit drängt, um sich im Wettbewerb vor allem mit den USA und Asien zu positionieren – der momentan noch existierende Vorsprung für Deutschland bei eingebetteten Systemen kann in wenigen Jahren verloren sein. Folgende Thesen fassen wesentliche Aussagen zu Cyber-Physical Systems zusammen:

1. **Festigung der Position Deutschlands zu Cyber-Physical Systems:** Attraktive Betreibermodelle und öffentliche Investitionen in offene Plattformen für Cyber-Physical Systems sind Voraussetzungen für deren erfolgreiche Realisierung.

2. **Beherrschung der Entwicklung von Cyber-Physical Systems:** Die Beherrschung der Entwicklung von Cyber-Physical Systems erfordert die Zusammenarbeit aller Branchen und Domänen in interdisziplinären und kollaborativen Formen während des gesamten Produktlebenszyklus (*Systems Engineering*, Standards, Interoperabilität, *Open Source*).

3. **Cyber-Physical Systems als Teil sozio-technischer Systeme:** Da Cyber-Physical Systems in vielen Anwendungsbereichen, etwa im Gesundheitssektor, in einem noch nicht dagewesenen Ausmaß in das Arbeits- oder Alltagsleben eingreifen, sind die Akzeptanz der Bevölkerung und die Bereitschaft der Nutzer für die erfolgreiche Einführung von Cyber-Physical Systems unverzichtbar. Die Entwicklung ethisch vertretbarer und rechtlich zulässiger Lösungen ist daher eine zentrale wissenschaftlich-technische Aufgabe.

4. **Neue Geschäftsmodelle durch Cyber-Physical Systems:** Weil Cyber-Physical Systems kollaborativ und interaktiv funktionieren, werden vor allem diejenigen Unternehmen erfolgreich sein, die sich in Unternehmensnetzwerken auf Rollen spezialisieren, die ihren jeweiligen Kernkompetenzen entsprechen, und diese Rollen so entwickeln, dass sie auf die Infrastruktur der für Cyber-Physical Systems konzipierten Gesamtlösung ausgerichtet sind.

5. **Schlüsselrolle des Mittelstands für Cyber-Physical Systems:** Die Stärke des Mittelstands im Zusammenhang mit Teillösungen von Cyber-Physical Systems kann sich nur entfalten, wenn den Unternehmen die Mitwirkung an Forschungs- und Entwicklungsprojekten erleichtert wird.[16]

6. **Bedeutung der Mensch-Maschine-Interaktion:** Technologien und Anwendungen für Cyber-Physical Systems müssen die Nutzerbedürfnisse beachten und einfache, intuitive Bedienbarkeit sichern. Bereits im technischen Entwicklungsprozess von Cyber-Physical Systems können die Grundlagen für benutzerfreundliche und akzeptierbare Lösungen geschaffen werden.

7. **Forschungsförderung „Stärken stärken":** Deutschland sollte seine „Stärken stärken" und sich im Bereich Cyber-Physical Systems auf die Schwerpunkte *Embedded Systems, Engineering* und *Security* spezialisieren, um im internationalen Wettbewerb erfolgreich zu sein.

8. **Schwächen kompensieren:** Die US-amerikanische Dominanz in Sachen Internet und World Wide Web sollte durch den konsequenten Aufbau von Kompetenz in Deutschland relativiert werden.

9. **Wissenschaftliche Fundierung:** Das Zusammenspiel heterogener Anteile in Cyber-Physical Systems – von physikalischen Komponenten, Elektronik und Software bis hin zu Teilen aus Biologie und Chemie – muss sich in der Wissenschaft widerspiegeln. Neue Formen interdisziplinärer Zusammenarbeit sind zu fördern.

---

[16] Zentrales Ergebnis der acatech Online-Befragung zum Thema CPS in Kooperation mit der Zeitschrift Elektronik Praxis.

10. **Politische Rahmenbedingungen schaffen:** Die Veränderungen durch Cyber-Physical Systems erfordern rechtliche und politische Rahmenbedingungen für wirtschaftliches Handeln und die Sicherung gesellschaftlicher Werte.

6 HANDLUNGSEMPFEHLUNGEN

Aus den Thesen leiten sich spezifische Handlungsempfehlungen ab.

6.1 FESTIGUNG DER POSITION DEUTSCHLANDS ZU CYBER-PHYSICAL SYSTEMS

Voraussetzung für die Festigung der Position Deutschlands zu Cyber-Physical Systems ist eine schnelle Ausrichtung der Infrastruktur und der Wirtschaftsstrukturen auf die Erfordernisse von Cyber-Physical Systems. Der Staat sollte hierfür klare Zielsetzungen definieren und sie im Zuge einer Gesamtstrategie Cyber-Physical Systems umsetzen.

acatech empfiehlt:
Als technische Voraussetzungen für Cyber-Physical Systems sind der mobile Internetzugang und Zugriffswege auf Infrastrukturen durch geeignete Sensorik und Aktorik zu fördern und auszubauen. Gleichzeitig ist die Weiterentwicklung intelligenter Kommunikationsinfrastrukturen zur Bewältigung der zukünftigen Anforderungen von Cyber-Physical Systems zu unterstützen.

acatech empfiehlt:
Entwicklungs- und Betreiberplattformen für Cyber-Physical Systems sind aufzubauen und verfügbar zu machen oder in ihrem Aufbau zu fördern.

6.2 BEHERRSCHUNG DER ENTWICKLUNG VON CYBER-PHYSICAL SYSTEMS

Die Umsetzung neuer, dynamischer Geschäftsmodelle stellt Anforderungen an die Systemarchitekturen. Das Beispiel integrierter Dienstleistungen, etwa Mobilitätsdienste in Verbindung mit Betreibermodellen für Fahrzeugflotten oder Krankentransporte im Gesundheitswesen (Fahrzeugausstattung, Vernetzung), erfordert übergreifende Systemarchitekturen und die Interoperabilität anwendungsspezifischer Architekturen. Dabei gelten nach wie vor die Empfehlungen der NRMES:

— Die Entwicklung relevanter branchenübergreifender Standards (Architekturen, Modellierungssprachen) ermöglicht neue Innovationen.
— Offene Standards schaffen neue Marktmöglichkeiten.
— Eine deutsche Führungsrolle in der Entwicklung von Disziplinen übergreifenden Lösungen für gesellschaftliche und wirtschaftliche Herausforderungen ermöglicht eine frühe Markteinführung solcher Lösungen.
— Cyber-Physical Systems sind ein Technologiefeld, auf dem alle Entwicklungsschritte (Forschung, Entwicklung, Produktion, Integration) in Deutschland erbracht werden und wo deshalb Markt- und Technologieführerschaft erreicht werden kann.
— Das Feld der Cyber-Physical Systems als Innovationstreiber eröffnet auch deutschen Industrien Chancen, die bisher nicht auf dem Gebiet der eingebetteten Systeme aktiv waren.
— Deutschland kann in hohem Maß an den einschlägigen Forschungsförderungsprogrammen der EU partizipieren.
— Die hohen Datenschutzanforderungen in Deutschland und die damit einhergehenden Lösungen führen zu einem Innovationsvorsprung („IT-Security made in Germany").

Durch getrennte Ad-hoc-Entwicklungen verschiedener Aspekte der Teilgebiete von Cyber-Physical Systems drohen sogenannte Legacy-Systeme. Es handelt sich dabei um Systeme, die in ihren Anwendungsbereichen hohe Bedeutung besitzen, aber wegen ihrer sehr spezifischen, technischen und fachlichen Ausprägung schwer weiterzuentwickeln und mit anderen Systemen zu integrieren sind, etwa wegen fehlender Interoperabilität.

acatech empfiehlt:
Interoperabilitätsstandards müssen erarbeitet und gesetzt werden, welche die kritischen Sicherheitsaspekte der Technologie beachten, zukunftsfähig sind und außerdem Export- und Absatzchancen fördern. Standardisierungsaktivitäten in internationalen Gremien sind zu unterstützen.

6.3 CYBER-PHYSICAL SYSTEMS ALS TEIL SOZIO-TECHNISCHER SYSTEME

Nur wenn Cyber-Physical Systems so gestaltet sind, dass sie bei den Nutzern auf Akzeptanz stoßen, werden sie auch am Markt erfolgreich sein.

acatech empfiehlt:
Das Gebiet der Mensch-Maschine-Interaktion muss in Forschung, Ausbildung und praktischer Umsetzung erschlossen werden, um nachhaltig Akzeptanz zu erzielen. Gleiches gilt für die sogenannten *„Human Factors"*, angefangen bei den mentalen Modellen der Nutzer, von der Attraktivität und Bedienbarkeit der Cyber-Physical Systems bis hin zur benutzerspezifischen Fähigkeit zum Verstehen von Informationen und Lösungen sowie ihrer Implikationen.

Neben der Bedienbarkeit (useability) sind Sicherheit und Vertrauenswürdigkeit weitere Voraussetzungen für die Akzeptanz von Cyber-Physical Systems.

acatech empfiehlt:
Ein Diskurs zum Nutzen der Innovationen durch Cyber-Physical Systems sollte in der Gesellschaft initiiert werden. Ziel ist es, die Bevölkerung in die Entwicklung von Cyber-Physical Systems einzubeziehen und sie umfassend über die Sicherheit und Privatheit aufzuklären.

acatech empfiehlt:
Eine Arbeitsgruppe aus Wissenschaftlern, Juristen und Politikern ist einzusetzen, die ein umfassendes Konzept für den Umgang mit personenbezogenen und unternehmensinternen Daten (Firmengeheimnisse) in Cyber-Physical Systems entwickelt.

6.4 NEUE GESCHÄFTSMODELLE DURCH CYBER-PHYSICAL SYSTEMS

Das technische Potenzial von Cyber-Physical Systems ermöglicht die Entwicklung neuartiger Geschäftsmodelle, die einer umfassenden Erprobung bedürfen.

acatech empfiehlt:
Spezifische Plattformen für Cyber-Physical Systems sollten etabliert werden, um neue Geschäftsmodelle zu erproben. Im Rahmen einer Begleitforschung ist die Analyse solch neuartiger Geschäftsmodelle auf Basis von Cyber-Physical Systems sinnvoll und möglich.

acatech empfiehlt:
Das wirtschaftliches Umfeld sollte im Rahmen der Begleitforschung bei allen Leitprojekten zu Cyber-Physical Systems berücksichtigt werden. Schwerpunkte sind „Geschäftsmodelle für neue Produkte und Produkt-Service-Systeme", „Cyber-Physical Systems-Dienste/-Services" und „Unternehmenssoftware für Cyber-Physical Systems".

acatech empfiehlt:
„Schaufenster" mit Pilotanwendungen von Cyber-Physical Systems sollten früh zur Veranschaulichung von Cyber-Physical Systems zum Einsatz kommen, sowohl für die relevanten Fachgesellschaften als auch für die Öffentlichkeit.

6.5 SCHLÜSSELROLLE DES MITTELSTANDES FÜR CYBER-PHYSICAL SYSTEMS

Kleine und mittlere Unternehmen (KMU), insbesondere Start-up-Unternehmen in der IT-Branche, sind zentrale Akteure bei der Erschließung des Innovations- und Wertschöpfungspotenzials von Cyber-Physical Systems. Sie sind nicht nur Anbieter technischer Einzellösungen, sondern werden auch diejenigen sein, die mit neuen Lösungen und Services an Plattformen zu Cyber-Physical Systems andocken und von dem neu entstehenden wirtschaftlichen Ökosystem profitieren können. Cyber-Physical Systems brauchen zu ihrer Gestaltung den Mittelstand mit seinen Stärken, gerade in einem Unternehmensnetzwerk zu Cyber-Physical Systems: Traditionelle und etablierte, aber auch kleine innovative Unternehmen sind nahe an ihren Kunden, können flexibler Probleme lösen, konzentrieren sich auf ihre Kernkompetenzen und sind darum sehr effektiv.

acatech empfiehlt:
Neben vereinfachtem Zugang zu Forschungsprojekten sind weitere Maßnahmen für die Stärkung von KMUs in Unternehmensnetzen zu Cyber-Physical Systems erforderlich. Das betrifft Rahmenbedingungen, Organisationsmodelle und Netzwerke. Plattformen und Verbundprojekte sind zu schaffen, die gezielt den Mittelstand einbinden.

Auch die Verbesserung der Rahmenbedingungen für Unternehmensgründungen wird zukünftig von existenzieller Bedeutung für die Position der deutschen Industrie im Bereich der Cyber-Physical Systems sein. Hier müssen zwingend Hemmnisse reduziert werden, um die deutsche Wertschöpfungskette mit allen für die Entwicklung der Systeme notwendigen Basiswerkzeugen abzusichern und so die Innovationsfähigkeit der nationalen Wirtschaft zu erhalten. Abhängigkeiten im Hinblick auf Technologieverfügbarkeit und Innovationstempo müssen abgebaut werden.

acatech empfiehlt:
die Etablierung eines Startup- „Umfelds" im Bereich Cyber-Physical Systems durch politische, finanzielle, rechtliche und hochschulpolitische Maßnahmen. Diese beinhaltet die Förderung von Unternehmensneu- und -ausgründungen durch Bereitstellung von mehr Wagniskapital sowie die Etablierung eines entsprechenden Eco-Systems. Ergänzend sollten Anreize für etablierte globale Player geschaffen werden hinsichtlich Technologietransfers Start-up- Investments und Pilotprojekten. Zudem werden begleitende Forschungsaktivitäten empfohlen.

6.6 WIRTSCHAFTLICHE BEDEUTUNG DER MENSCH-MASCHINE-INTERAKTION

Die Mensch-Maschine-Interaktion ist auch aus wirtschaftlicher Sicht von zentraler Bedeutung. Insbesondere das spezifisch deutsche Phänomen des *„Overengineerings"* – die Erstellung eines Produkts oder einer Dienstleistung in höherer Qualität oder mit mehr Aufwand als erforderlich – kann daher bei der Entwicklung von Cyber-Physical Systems ein erfolgskritischer Faktor sein.

acatech empfiehlt:
Menschliche Einflussfaktoren („human factors") im Zusammenhang mit Cyber-Physical Systems müssen ganzheitlich erforscht werden – von klassischen Fragen der Ergonomie, der Integration von adaptiven und adaptierbaren Cyber-Physical Systems in Arbeitsabläufen und der entsprechenden Auswirkungen, der Nachvollziehbarkeit bis hin zu der Frage potenzieller Anpassungen des sozialen Verhaltens unter Einfluss der Nutzung entsprechender Systeme.

Für Cyber-Physical Systems sind konsequente Kundenorientierung und damit Benutzerfreundlichkeit sowie intuitive Bedienbarkeit Schlüssel zum Erfolg.

6.7 FORSCHUNGSFÖRDERUNG: „STÄRKEN STÄRKEN"

Gerade die Forschungsförderung muss aufgrund der hohen Bedeutung von Cyber-Physical Systems geschickt auf die vielfältigen Herausforderungen ausgerichtet werden. Das betrifft die Befähigung, digitale Systeme beherrschbar zu entwickeln. Hier sind Ansätze der modellbasierten Entwicklung von Produktlinien und Konzepte langfristiger Systemevolution besonders wichtig. Das erfordert grundlegende Innovationsallianzen, in denen Domänen übergreifend und interdisziplinär Systementwicklung in ihren Methoden und Prozessen erforscht und in die Praxis umgesetzt wird. Als Vorbild gelten kann SPES2020[17], ein vom BMBF gefördertes Forschungsprojekt zur Entwicklung einer Methodik zur durchgängig modellbasierten Entwicklung von eingebetteten Systemen.

Horizontale Forschungs-Verbundprojekte zielen darauf ab, Methoden zu entwickeln, die normalerweise in vielen unterschiedlichen Anwendungsgebieten einsetzbar sind. Im Vordergrund stehen Verfahren und innovative Vorgehensweisen beim Engineering und Techniken für die Gestaltung und Realisierung der Systeme. Dazu gehören Referenzarchitekturen und Standards. Bei den Forschungsaufgaben können zwei große Felder unterschieden werden:

— Beherrschung des Engineerings, der Prozesse, Methoden, Werkzeuge zur Unterstützung und Modellierungsansätze. Diese Technologien müssen es ermöglichen, eine Brücke zu schlagen zwischen Systemkomponenten, die an harte physikalische Gesetzmäßigkeiten, etwa Realzeit, gebundenen sind und solchen Komponenten, die von diesen Gesetzmäßigkeiten bewusst abstrahiert sind.
— Beherrschung von Technologien für die Systeme. Das betrifft Architekturen, Plattformen – zum Beispiel Middleware -, Protokolle, Algorithmen und Verfahren, die in den Systemen angewendet werden.

Neben solchen horizontalen Projekten sind vertikale Projekte erforderlich, in denen nicht die Erforschung der Methodik und Technologie im Vordergrund steht, sondern deren Einsatz in herausragenden Anwendungsgebieten, etwa *Smart Grid*, vernetzten Gesundheitssystemen oder umfassend vernetzten Automatisierungs- und Produktionsanlagen. Hier müssen Impulse gegeben werden, um Projekte in Schlüsseldomänen anzustoßen.

acatech empfiehlt:
Die Förder- und Aktionsprogramme innerhalb der Hightech-Strategie und der IKT-Strategie des Bundes sollten hinsichtlich Cyber-Physical Systems überprüft und entsprechend thematisch angepasst werden. Horizontale und vertikale Leitprojekte zu Cyber-Physical Systems sind zu verknüpfen.

---

[17] Vgl. Homepage www.spes2020.informatik.tu-muenchen.de

Allerdings muss dafür gesorgt werden, dass ökonomische Prinzipien dominieren, Aktivitäten und Konzepte konsequent am Markt orientiert sind und die Markterschließung im Vordergrund steht.

acatech empfiehlt:
Neben dem bereits im Rahmen der Durchführung der Studie angestoßenen BMBF-Verbundprojekt ARAMIS (Automotive, Railway and Avionic Multi-Core Systems) zum Thema Smart Mobility sind weitere vertikale Projekte zu folgenden Anwendungsgebieten in Gang zu setzen:

1. **IKT für das Smart Grid**: Dieses Projekt sollte sich auf das Thema IKT-Architekturen für Energienetze der Zukunft konzentrieren und dabei auf den Erfahrungen in den Versuchsregionen der Bundesinitiative E-Energy und im acatech Projekt zum Future Energy Grid aufbauen. Im Vordergrund muss hier die Modellierung der Energienetze stehen: eine Strukturierung der Anforderungen an die Energienetze durch eine umfassende Modellierung zum einen der Netzstrukturen, zum anderen der Funktionen und Dienste, die über IKT-Architekturen zur Verfügung gestellt werden.

2. **E-Health:** Der Gesundheitsbereich ist für Cyber-Physical Systems von höchster Bedeutung, da sich hier Fragen der eingebetteten Systeme im Hinblick auf Sensorik und Aktorik mit anspruchsvollen Fragen der Privacy und Security mischen. Denn im Mittelpunkt stehen die Patienten, ihre Sicherheit und der Schutz ihrer Daten. Hinzu kommen Kommunikation und soziale Medien. Deshalb wird empfohlen, hier ein stark auf Cyber-Physical Systems ausgelegtes Projekt aufzusetzen.

3. **Cyber-Physical Systems in der Produktion:** Der Einsatz von Cyber-Physical Systems in Produktionssystemen führt zur „Smart Factory". Deren Produkte, Ressourcen und Prozesse sind durch Cyber-Physical Systems charakterisiert; durch deren spezifische Eigenschaften bietet sie Vorteile in Bezug auf Qualität, Zeit und Kosten gegenüber klassischen Produktionssystemen. Empfohlen wird, im Rahmen der 2011 gestarteten Initiative „Industrie 4.0" ein entsprechendes Projekt aufzusetzen mit dem Ziel, technologische und wirtschaftliche Hemmnisse zu beseitigen und die Realisierung und den Einsatz von Smart Factories zu forcieren. Für das Engineering und die Realisierung von Cyber-Physical Systems sind die integrative, disziplinübergreifende Entwicklung von Produkt und Produktionssystem zu fördern und in diesem Rahmen die Modularisierung der Produktionssysteme zu Produktionseinheiten mittels modellgetriebener Entwicklung (*Model Driven Design*).

Für die Produktionstechnik sind folgende Themen zu *Cyber-Physical Production Systems* von zentraler Bedeutung:

— weitere Erforschung und Entwicklung von Innovationsmethoden, um stets neue Produkte für den Weltmarkt bieten zu können,
— laufende Erforschung neuer Produktionsprozesse,
— weitere wissenschaftliche Durchdringung der Produktionsprozesse und Produktionsmaschinen, um korrekte abgesicherte Modelle zu haben, mit denen die „Cyber-Physical Production Systems" dann arbeiten kann,
— robuste, schnelle, effiziente Produktionsverfahren, die ohne laufenden Eingriff und Kontrolle durch den Menschen sicher ablaufen können,
— stabile Maschinen mit vorhersagbaren Eigenschaften und Verhalten, um sichere Automatisierung auch unter veränderlichen Randbedingungen zu realisieren,
— Modelle und Simulationsverfahren für Prozesse und Maschinen, um den Automatisierungssystemen Methoden zur Einschätzung der Konsequenzen ihrer Entscheidungen aufzuzeigen,

- sichere Verfahren der Cyber-Physical Production Systems, die auch unter harten Randbedingungen und mit hoher Geschwindigkeit ablaufen können, um weder Mensch noch Maschine in Gefahr zu bringen,
- Sicherheit in den Netzen, um Missbrauch, kriminelle Eingriffe oder auch Fahrlässigkeit von außen abzuwenden,
- extreme Echtzeitfähigkeit, um auch schnellste Prozesse, Ereignisse und Wechselwirkungen beherrschen zu können,
- neue Betreibermodelle,
- hybride System- und Architekturmodelle für die spezifischen Engineering-Aufgaben sowie
- nachhaltige Gestaltung der Produktion (Kreislaufwirtschaft).

In diesen Punkten sind viele Schlagworte enthalten, an denen eine produktionstechnische Forschung im Sinne der Smart Factory festgemacht werden kann.

Die Begleitung der vertikalen Projekte durch einen übergreifenden interdisziplinären Arbeitskreis zu Cyber-Physical Systems kann den Transfer generischer Arbeitsergebnisse zwischen den Projekten sicherstellen.

acatech empfiehlt:
Innovationsallianzen sollten Forschungsprojekte zur domänenübergreifenden Entwicklung von Cyber-Physical Systems mit den Schwerpunkten *Smart Grid, E-Health* und Industrie 4.0. steuern.

6.8 SCHWÄCHEN KOMPENSIEREN

Bedeutend weniger stark ausgeprägt als bei eingebetteten Systemen ist in Deutschland die Kompetenz zum Thema Internet, einschließlich World Wide Web, und *Cloud Computing*. Da der wirtschaftliche Wettbewerb der Cyber-Physical Systems auch mithilfe von Synergien zwischen eingebetteten Systemen und der Beherrschung der globalen Netze ausgetragen wird, sind hier Maßnahmen erforderlich.

acatech empfiehlt:
Eins zentrales nationales Forschungs- und Kompetenzzentrum für das Internet der Dinge, Daten und Dienste und das World Wide Web ist einzurichten, das alle Themen im Zusammenhang mit globalen Netzen behandelt. Das betrifft den technischen Aufbau der Netze, ihre Architektur und Gestaltung, die verschiedenen Kommunikationsschichten und Protokolle einschließlich der technischen Einrichtungen dafür, aber auch Technologien für die Gestaltung der Daten und Dienste und deren Nutzung, etwa durch Suchmaschinen, dazu das Thema *Cloud Computing* und die damit verbundenen rechtlichen, gesellschaftlichen und politischen Fragen.

6.9 WISSENSCHAFTLICHE FUNDIERUNG

Die Modellierung von Cyber-Physical Systems erfordert das Zusammenspiel unterschiedlicher Disziplinen – Physik, Maschinenbau, Elektrotechnik und Informatik. Es sind aber auch Grundlagen der Kognitionspsychologie und Soziologie unabdingbar; ihre Relevanz reicht von Modellen des Wahrnehmens, der Interaktion, des Wissens, Denkens und Problemlösens bis hin zu System- und Netzwerkmodellen der Techniksoziologie. Im Zentrum steht die Entwicklung einer neuen Disziplin des Engineerings von Cyber-Physical Systems mit einer integrierten Sichtweise auf die Modellierung entsprechender Systeme. Modelle der Informatik, der Elektrotechnik und des Maschinenwesens werden auf Basis vorhandener physikalischer Modelle unter starker Berücksichtigung der Kontroll- und Regelungstheorie zu einem integrierten Modellierungsansatz verschmolzen. Im Einzelnen handelt es sich um

- interdisziplinäre Modellierung hybrider Systeme aus Software, Elektronik und physikalischen Systemen unter Einbeziehung von Materialwissenschaften, Chemie und Biologie,
- Konzepte der Verknüpfung von Systemkomponenten, die an harte physikalische Gesetzmäßigkeiten, etwa Realzeit, gebundenen sind, mit Komponenten, die von

diesen Gesetzmäßigkeiten bewusst abstrahiert sind,
- durchgängige Entwicklungsprozesse auf Basis geeigneter Modelle für Cyber-Physical Systems sowie
- Ansätze für die Automatisierung und ein *Virtual Engineering* für Cyber-Physical Systems.

Benötigt werden im Sinne eines Human-Centered Engineerings integrierte hybride System- und Architekturkonzepte für

- eine verteilte analoge/digitale Kontrolle und Steuerung,
- die Mensch-Technik-Interaktion und integrierte Handlungsmodelle sowie
- sozio-technische Netzwerke und Interaktionsmodelle.

Cyber-Physical Systems erfordern gerade auch in der Bevölkerung eine größere Technikkompetenz und mehr Mündigkeit im Umgang mit der allgegenwärtigen CPS-Technik (wie auch mit dem Internet). Die Erfordernisse erstrecken sich auf nahezu alle Stufen unseres Bildungssystems. Dies betrifft Grundschulen, Realschulen und Gymnasien gleichermaßen wie Hochschulen, Universitäten und berufliche Weiterbildung. Besonders sinnvoll ist die Anpassung und Neugestaltung interdisziplinärer Master-Studiengänge zur Gestaltung von Cyber-Physical Systems.

acatech empfiehlt:
Die deutsche Wissenschaft sollte ihre Programme zu vernetzten Systemen weiterführen und sich dabei besonders den Cyber-Physical Systems widmen, indem sie interdisziplinäre Projekte mit hoher Priorität bearbeitet.

acatech empfiehlt:
Eine Arbeitsgruppe aus Wissenschaftlern und Vertretern der Fachverbände sowie einschlägiger Ministerien sollte eine Roadmap mit umfassenden Empfehlungen für die Anpassung der existierenden Studien- und Ausbildungsgänge (Informatik, Ingenieurwissenschaften, Betriebswirtschaft) an die Erfordernisse von Cyber-Physical Systems erarbeiten.

6.10 POLITISCHE RAHMENBEDINGUNGEN SCHAFFEN

Um viele der Zukunftsszenarien, die im Projekt agendaCPS entwickelt wurden, Realität werden zu lassen, müssen personenbezogene Daten höchster Sensibilität – zu Gesundheit, finanziellen Möglichkeiten, Vorlieben und individuellen Fähigkeiten – im Netz gespeichert und verwaltet sowie über sichere Dienste zugänglich gemacht werden. Die Enquête-Kommission „Internet und Digitale Gesellschaft" des Deutschen Bundestags arbeitet bereits an verwandten Themen, grundlegende Urteile zur Frage des Umgangs mit „den Menschen dominierenden Systemen" liegen bereits auf europäischer Ebene vor.

acatech empfiehlt:
Die bestehende Rechtslage ist hinsichtlich der technischen Sicherheit von Cyber-Physical Systems vor allem im Hinblick auf Datenschutz, Datensicherheit sowie Sicherheits- und Haftungsfragen anzupassen.

Es sind darüber hinaus die Auswirkung von Cyber-Physical Systems auf Ressourcen, insbesondere Energie, zu untersuchen: Welche Kosten und Risiken entstehen durch die fortschreitende Durchdringung der physischen Welt mit Informationstechnik? Inwieweit wirken sich Cyber-Physical Systems auf unseren Energie- und Rohstoffbedarf aus (Stichwort „Metalle der seltenen Erden")?

acatech empfiehlt:
Cyber-Physical Systems sollte in den Energie- und Rohstoffstrategien der Bundesregierung beachtet werden. Insbesondere ist der Energiewandel auch in einer Gesamtstrategie für Cyber-Physical Systems zu berücksichtigen.

7 ANHANG

Übersichtsstabelle über Fähigkeiten der Cyber-Physical Systems (Cyber-Physical Systems-Capabilities):

(1) CYBER-PHYSICAL, SENSOREN/ AKTOREN, VERNETZT (LOKAL-GLOBAL), VIRTUELL, ECHTZEITSTEUERUNG	(2) SYSTEMS OF SYSTEMS (SOS), KONTROLLIERTER VERBUND MIT DYNAMISCHEN GRENZEN	(3) KONTEXT-ADAPTIVE UND (TE... AUTONOM HANDELNDE SYSTEM...
- parallele Erfassung (Sensoren), Fusionierung, Verarbeitung physikalischer Daten der Umgebung, lokal, global und in Echtzeit (*Physical Awareness*) - Lageinterpretation im Hinblick auf Erreichung der Ziele und Aufgaben des CPS - Erfassung, Interpretation, Ableitung, Prognose von Störungen, Hindernissen, Risiken - Interagieren, Einbinden, Regeln und Steuerung von CPS-Komponenten und Funktionen - global verteilte, vernetzte Echtzeitsteuerung und Regelung	- Interpretation der Umgebungs- und Situationsdaten über mehrere Stufen, abhängig von unterschiedlichen Anwendungssituationen - Gezielte Auswahl, Einbindung, Abstimmung und Nutzung von Diensten – abhängig von Situation, lokalem und globalem Ziel und Verhalten - Dienstkomposition und Integration, dezentrale Kontrolle: Erkennen fehlender Dienste, Daten, Funktionen und aktive Suche sowie dynamische Einbindung - Selbstorganisation - Bewerten des für die Anwendung erford. Nutzens und Qualität (QoS, Gesamtqualität) von einzubindenden Komponenten, Diensten – auch hinsichtlich möglicher Risiken - Verlässlichkeit im Sinne garantierter QoS (Compliance). - Zugangskontrolle systemeigener Daten und Dienste.	- Umfassende, durchgängige Ko... Awareness - Kontinuierliches Erheben, Beoba... ten, Auswählen, Verarbeiten, Be... ten, Entscheiden, Kommunizier... Umgebungs-, Situations- und A... dungsdaten (vieles in Echtzeit) - Gezielte Anpassung der Interakt... Koordination, Steuerung mit/vo... anderen Systemen und Dienster... - Erkennung, Analyse und Interpr... on der Pläne und Absichten der ... jekte, Systeme und beteiligten N... - Modellerstellung von Anwendun... gebiet und -domäne, Beteiligten... samt ihrer Rollen, Ziele und Anfo... derungen, verfügbaren Dienste ... Aufgaben - Festlegung von Zielen und Hand... lungsschritten unter Berücksicht... und Abwägung von Alternativen ... Bezug auf Kosten und Risiken - Self-Awareness im Sinne Wissens... eigene Situation, Zustand und H... lungsmöglichkeiten - Lernen etwa geänderter Arbeits-... stikprozesse, Gewohnheiten, Inte... onsverhalten etc. und entsprech... Verhaltensanpassung - Fähigkeiten der Selbstorganisati...

→ → zunehmende Öffnung, Komplexität, Autonomie, „Smartness" un...

Anhang

...OOPERATIVE SYSTEME MIT VERTEIL-...ER, WECHSELNDER KONTROLLE	(5) UMFASSENDE MENSCH-SYSTEM-KOOPERATION	ZENTRALE FÄHIGKEITEN UND NICHTFUNKTIONALE ANFORDERUNGEN QUALITY IN USE QUALITY OF SERVICE (QoS)
...eilte, kooperative und interaktive ...rnehmung und Bewertung der ... ...eilte, kooperative und interaktive ...immung der durchzuführenden ...tte - in Abhängigkeit von der ...nbewertung, von den Zielen ...elner Akteure und von den Zielen ...diesen Akteure einschließenden ...einschaft (lokale vs. globale ...) ...ei erfolgen koordinierte Abschät-...g und Verhandlung der letztend-...getroffenen Entscheidung, das ...t eigene und gemeinsame Kon-...- und Entscheidungsautonomie ...cheidung unter unsicherem ...en ...peratives Lernen und Anpassung ...ituationen und Erfordernisse ...chätzung der Qualität der ei-...en und fremden Dienste und ...gkeiten ...diniferte Verarbeitung von Mas-...aten	- intuitive, multimodale, aktive und passive MMI - Unterstützung (vereinfachte Steuerung) - Unterstützung einer weiteren (Raum, Zeit) und vergrößerten Wahrnehmung und Handlungsfähigkeit einzelner und mehrerer Menschen (Gruppen) - Erkennung und Interpretation menschlichen Verhaltens inklusive Gefühlen, Bedürfnisse und Absichten - Erfassung und Bewertung von Zustand und Umgebung von Mensch und System (Ausdehnung der Wahrnehmungs- und Bewertungsfähigkeiten) - Integrierte und interaktive Entscheidung und Handlung von Systemen und Mensch, Menschenmengen - Lernfähigkeit	- Erforderliche Fähigkeiten - „X"-Awareness (korrekte Wahrnehmung und Interpretation von - Situation und Kontext - Selbst-, Fremd-, Mensch-Awareness (Zustand, Ziele, Intentionen, Handlungsfähigkeiten) - Lernen und Adaption (Verhalten) - Selbstorganisation - Kooperation, Aus-/Verhandeln und Entscheiden (in definierten Grenzen - Compliance) - Entscheidungen unter unsicherem Wissen - Bereitstellen und gegebenenfalls Sicherstellen von QoS-Garantien - Umfassendes Sicherheitskonzept (Safety, Security) - Transparente MMI, geteilte Kontrolle – integrierte Situationsbewertung und berechenbares Handeln - Risikomanagement - Proaktives, strategisches und verlässliches Handeln - Schutz der Privatsphäre (Privacy)

...der Systeme (mit disruptiven Effekten in den Anwendungswelten) →→

Die Übersichtstabelle zeigt eine Zusammenfassung der spezifischen Charakterisierung von Cyber-Physical Systems und fasst in der rechten Spalte die neuen Fähigkeiten sowie die zentralen Anforderungen und Fähigkeiten für brauchbare und nachhaltig innovative Cyber-Physical Systems-Anwendungen zusammen. Die Herausforderungen bei der Realisierung dieser Fähigkeiten von Cyber-Physical Systems einschließlich der Klärung und Schaffung der erforderlichen Rahmenbedingungen und gesellschaftlichen Konsensbildung sind Kern der in der *agendaCPS* diskutierten Forschungsthemen und umfassenden Handlungsfelder.

Außer Forschungsanstrengungen im Bereich der genannten neuen Fähigkeiten und bei Kerntechnologien der Cyber-Physical Systems sind zum Umsetzen und Beherrschen von skizzierten CPS-Anwendungen folgende integrierte Aktivitäten erforderlich:

— Schrittweiser Aufbau von Referenzarchitekturen, Domänenmodellen und Anwendungsplattformen als Voraussetzung für die korrekte Situations- und Kontextwahrnehmung, Interpretation, Prozessintegration und ein verlässliches Handeln/Steuern der Systeme. Dies umfasst Modelle wie beispielsweise
  — Modelle der physischen Umgebung, ihrer Architektur, Beteiligten, Aufgaben, Rollen und (Interaktions-)beziehungen, etc.,
  — Anforderungsmodelle (funktional und nichtfunktional) direkt oder indirekt Beteiligter (Stakeholder, Systeme, Komponenten),
  — Anwendungs-/Referenzarchitekturen: Prozessmodelle, Funktions-/Dienstarchitekturen und Interaktionsmuster, sowie Realisierungsarchitekturen (logische Architekturen etwa zur Realisierung spezifischer Sicherheits- oder Performanzanforderungen; Hardware-, Software-Architekturen, oder auch spezifische Plattformen und Kommunikationsarchitekturen), organisatorische Rahmenbedingungen und Standards etc.,
  — Qualitätsmodelle, aber auch Modelle für Domänen- oder Geschäftsregeln (sogenannte Business Rules), Zielmodelle oder unternehmensspezifische Geschäftsmodelle zur Überprüfung und Validierung der CPS-Dienste und Anwendungen
— Spezifische Normen und Standards für die qualifizierte Entwicklung und Zertifizierung der Systeme.

Es existiert eine Reihe von Herausforderungen für diesen Aufbau, die zudem von zentraler Bedeutung für die Erforschung und Erarbeitung entsprechender Technologien und Konzepte sind. Neben den Unterschieden in der Dynamik und der Kultur der beteiligten Anwendungsgebiete, Systeme, Akteure und Disziplinen handelt es sich dabei um:

— den zunehmenden Kontrollverlust in offenen (sozialen) Umgebungen mit vernetzt und teilweise autonom interagierenden Systemen und Akteuren, und damit verbundene Fragen, Methoden und Konzepte zur Sicherstellung,
— die Verlässlichkeit der Systeme hinsichtlich Safety, IT-Sicherheit und Privatsphäre, aber auch weiterer nichtfunktionaler Anforderungen, zum Beispiel Leistung und Energieeffizienz,
— Know-how-Schutz in offenen Wertschöpfungsnetzen (CPS-Ökosystemen),
— die mit Cyber-Physical Systems einhergehenden ungewissen und verteilten Risiken sowie deren Abschätzung und Bewertung durch die einzelnen Systeme und Akteure, welche quantitativ kaum und qualitativ meist nur subjektiv möglich ist,
— das Handeln von Cyber-Physical Systems als Vertreter (Agenten) sozialer und wirtschaftlicher Akteure (Menschen, Gruppen) mit den Aufgaben des angemessenen

und fairen Verhandelns sowie des Auflösens auftretender Zielkonflikte,
— die Vorgaben für das (teil-)autonome Handeln und Entscheiden der Systeme,
— die mit den oben aufgeführten Herausforderungen interdisziplinär (gesellschaftlich umfassend) zu bestimmenden
    — erforderlichen Rahmenbedingungen[18] und
    — verbindlich auszuhandelnden Domänen-/Qualitätsmodelle, Regeln und Policies („Compliance"-Vorgaben),
— die offenen Fragen der möglichst berechenbaren und verlässlichen Mensch-Maschine-Interaktion (MMI), die für Menschen im Sinne integrierten Handelns erforderlich ist, beispielsweise der

1. einfachen und intuitiven MMI trotz multifunktionaler Dienste und Nutzungsmöglichkeiten,

2. semantischen Integration, abhängig von Situation, Prozess- und Handlungskontext (lokal, regional, global),

3. passiven MMI, also des bewussten und unbewussten Beobachtens und Überwachens von Menschen beziehungsweise Gruppen mit der Herausforderung, beobachtetes Verhalten korrekt oder auf gewünschte Weise zu interpretieren,

4. Problematik der andauernden Aufmerksamkeit (Vigilanz) und des inhärenten Kontrollverlusts für Menschen durch den Einsatz von Cyber-Physical Systems, sowie

— die aus (1) bis (4) folgende umsichtige Bewertung komplexer Situationen samt Priorisierung, -integration und Anwendung von Features.[19]

---

[18] beispielsweise erforderliche CPS-Infrastruktur, ihre Sicherheit und Qualität, Standardisierung, einzuhaltende Normen sowie rechtliche Rahmenbedingungen, etc.
[19] Funktionen, Diensten

LITERATUR

Abele/Reinhart 2011
Abele, E. / Reinhart, G.: *Zukunft der Produktion: Herausforderungen, Forschungsfelder, Chancen*, München: Carl Hanser Verlag 2011.

ABI Research 2009
ABI Research: *Global Navigation Satellite Positioning Solutions: Markets and Applications für GPS, Galileo, GLONASS and Beidou* (Research Report 2009), 2009.

Bräuninger/Wohlers 2008
Bräuninger, M./Wohlers, E.: *Medizintechnik in Deutschland. Zukunftsbranche Medizintechnik – Auch im Norden ein Wachstumsmotor* (Studie im Auftrag der HSH Nordbank AG), Hamburg 2008. URL: http://hwwi.org/fileadmin/hwwi/Publikationen/Partnerpublikationen/HSH/Medizintechnik-Studie.pdf [Stand: 21.11.2011].

BMWi 2009
Bundesministerium für Wirtschaft und Technologie (Hrsg.): *Internet der Dinge: Leitfaden zu technischen, organisatorischen, rechtlichen und sicherheitsrelevanten Aspekten bei der Realisierung neuer RFID-gestützter Prozesse in Wirtschaft und Verwaltung* (Dokumentation 581), Berlin 2009. URL: http://www.internet-of-things.eu/resources/documents [Stand: 22.11.2011].

BMWi 2010a
Bundesministerium für Wirtschaft und Technologie (Hrsg.): *Aktionsprogramm Cloud Computing. Eine Allianz ausWirtschaft, Wissenschaft und Politik*, Berlin 2010. URL: http://www.bmwi.de/BMWi/Redaktion/PDF/Publikationen/Technologie-und-Innovation/aktionsprogramm-cloud-computing,property=pdf,bereich=bmwi,sprache=de,rwb=true.pdf [Stand: 22.11.2011].

BMWi 2010b
Bundesministerium für Wirtschaft und Technologie (Hrsg.): *Das Internet der Dienste*, Berlin 2010. URL: http://bmwi.de/BMWi/Redaktion/PDF/Publikationen/Technologie-und-Innovation/internet-der-dienste,property=pdf,bereich=bmwi,sprache=de,rwb=true.pdf [Stand: 22.11.2011].

BMWi 2010c
Bundesministerium für Wirtschaft und Technologie (Hrsg.): *Monitoring-Report Deutschland Digital. Der IKT-Standort im internationalen Vergleich 2010*, Berlin 2010. URL: http://www.bmwi.de/BMWi/Redaktion/PDF/I/it-gipfel-monitoring-deutschland-digital-langfassung-2010,property=pdf,bereich=bmwi,sprache=de,rwb=true.pdf [Stand: 21.11.2011].

Bretthauer 2009
Bretthauer, G. et al.: *Bedeutung und Entwicklung der Automation bis zum Jahr 2020. Thesen zur Entwicklung der Automation bis zum Jahr 2020*, Baden-Baden 2009.

Broy 2006
Broy, M.: "The 'Grand Challenge' in Informatics: Engineering Software-Intensive Systems". In: *IEEE Computer* 39 (2006).

Broy 2010
Broy, M. (Hrsg.): *Cyber-Physical Systems: Innovation durch softwareintensive eingebettete Systeme* (acatech DISKUTIERT), Heidelberg u.a.: Springer Verlag 2010.

Broy/Geisberger 2012
Broy, M./Geisberger, E. (Hrsg.): *agendaCPS. Integrierte Forschungsagenda Cyber-Physical Systems* (acatech STUDIE), Heidelberg u.a.: Springer Verlag, i.E. 2012.

Literatur

CARIT 2011
CARIT: Modernisierungswettlauf: *Audi setzt auf Vernetzung*. URL: http://www.car-it.automotiveit.eu/modernisierungswettlauf-audi-setzt-auf-vernetzung/id-0025678 [Stand: 21.11.2011].

Cramer/Weyer 2007
Cramer, S./Weyer, J.: „Interaktion, Risiko und Governance in hybriden Systemen". In: Dolata, U./Werle, R. (Hrsg.): *Gesellschaft und die Macht der Technik: Sozioökonomischer und institutioneller Wandel durch Technisierung*, Frankfurt/Main: Campus Verlag 2007.

Herzog/Schildhauer 2009
Herzog, O./Schildhauer, T. (Hrsg.): *Intelligente Objekte: Technische Gestaltung – Wirtschaftliche Verwertung – Gesellschaftliche Wirkung* (acatech DISKUTIERT), Heidelberg u.a.: Springer Verlag 2009.

Heuser/Wahlster 2011
Heuser, L./Wahlster, W. (Hrsg.): *Internet der Dienste* (acatech DISKUTIERT), Heidelberg u.a.: Springer Verlag 2011.

Hilty et al. 2003
Hilty, L. et al.: *Das Vorsorgeprinzip in der Informationsgesellschaft. Auswirkungen des Pervasive Computing auf Gesundheit und Umwelt* (Studie des Zentrums für Technologiefolgen-Abschätzung TA 46/2003), Bern 2003. URL: http://www.ta-swiss.ch/?redirect=getfile.php\&cmd[getfile][uid]=542 [Stand: 22.11.2011].

Lee 2008
Lee, E.: *Cyber Physical Systems: Design Challenges* (Technical report), Berkeley: University of California 2008.

Mattern 2007
Mattern, F. (Hrsg.): *Die Informatisierung des Alltags: Leben in smarten Umgebungen*, Heidelberg: Springer Verlag 2007.

Münchner Kreis et al. 2008
Münchner Kreis/Deutsche Telekom/TNS infratest/ European Center for Information and Communication Technologies (Hrsg.): *Zukunft & Zukunftsfähigkeit der deutschen Informations- und Kommunikationstechnologie* (Abschlussbericht der ersten Projektphase), München u.a. 2008. URL: http://www.bmwi.de/BMWi/Redaktion/PDF/Publikationen/Technologie-und-Innovation/studie-zukunftsfaehigkeit-der-deutschen-ikt,property=pdf,bereich=bmwi,sprache=de,rwb=true.pdf [Stand: 22.11.2011].

National Science Foundation 2011
National Science Foundation: *Cyber-Physical Systems*. URL: http://www.nsf.gov/funding/pgm_summ.jsp?pims_id=503286 [Stand: 21.11.2011].

Uckelmann et al. 2011
Uckelmann, D. et al.: *Architecting the Internet of Things*, Heidelberg: Springer Verlag 2011.

VDMA 2011
VDMA (Hrsg.): *Maschinenbau in Zahl und Bild 2011*, Frankfurt/Main 2011. URL: http://www.vdma.org/wps/wcm/connect/c6ce3800467e8f3284d0965629cf6c64/MbauinZuB2011.ppd?MOD=AJPERES&CACHEID=c6ce3800467e8f3284d0965629cf6c64, [Stand: 21.11.2011].

Vogel-Heuser 2011
Vogel-Heuser, B.: Embedded Systems: *Erhöhte Verfügbarkeit und transparente Produktion*, Kassel: university press GmbH 2011.

ZVEI 2009
Zentralverband Elektrotechnik und Elektronikindustrie e.V. (Hrsg.): *Nationale Roadmap Embedded Systems*, Frankfurt/Main 2009. URL: http://www.bitkom.org/files/documents/NRMES_2009_einseitig.pdf [Stand: 21.11.2011].

> BISHER SIND IN DER REIHE „ acatech POSITION" UND IHRER VORGÄNGERIN „acatech BEZIEHT POSITION" FOLGENDE BÄNDE ERSCHIENEN:

acatech (Hrsg.): *Den Ausstieg aus der Kernkraft sicher gestalten. Warum Deutschland kerntechnische Kompetenz für Rückbau, Reaktorsicherheit, Endlagerung und Strahlenschutz braucht* (acatech POSITION), Heidelberg u. a.: Springer Verlag 2011.

acatech (Hrsg.): *Smart Cities. Deutsche Hochtechnologie für die Stadt der Zukunft. Aufgaben und Chancen* (acatech bezieht Position, Nr. 10), Heidelberg u. a.: Springer Verlag 2011.

acatech (Hrsg.): *Akzeptanz von Technik und Infrastrukturen. Anmerkungen zu einem aktuellen gesellschaftlichen Problem* (acatech bezieht Position, Nr. 9), Heidelberg u. a.: Springer Verlag 2011.

acatech (Hrsg.): *Nanoelektronik als künftige Schlüsseltechnologie der Informations- und Kommunikationstechnik in Deutschland* (acatech bezieht Position, Nr. 8), Heidelberg u. a.: Springer Verlag 2011.

acatech (Hrsg.): *Leitlinien für eine deutsche Raumfahrtpolitik* (acatech bezieht Position, Nr. 7), Heidelberg u. a.: Springer Verlag 2011.

acatech (Hrsg.): *Wie Deutschland zum Leitanbieter für Elektromobilität werden kann. Status Quo – Herausforderungen – Offene Fragen* (acatech bezieht Position, Nr. 6), Heidelberg u. a.: Springer Verlag 2010.

acatech (Hrsg.): *Intelligente Objekte – klein, vernetzt, sensitiv. Eine neue Technologie verändert die Gesellschaft und fordert zur Gestaltung heraus* (acatech bezieht Position, Nr. 5), Heidelberg u. a.: Springer Verlag 2009.

acatech (Hrsg.): *Strategie zur Förderung des Nachwuchses in Technik und Naturwissenschaft. Handlungsempfehlungen für die Gegenwart, Forschungsbedarf für die Zukunft* (acatech bezieht Position, Nr. 4), Heidelberg u. a.: Springer Verlag 2009.

acatech (Hrsg.): *Materialwissenschaft und Werkstofftechnik in Deutschland. Empfehlungen zu Profilbildung, Lehre und Forschung* (acatech bezieht Position, Nr. 3), Stuttgart: Fraunhofer IRB Verlag 2008.

acatech (Hrsg.): *Innovationskraft der Gesundheitstechnologien. Empfehlungen zur nachhaltigen Förderung von Innovationen in der Medizintechnik* (acatech bezieht Position, Nr. 2), Stuttgart: Fraunhofer IRB Verlag 2007.

acatech (Hrsg.): *RFID wird erwachsen. Deutschland sollte die Potenziale der elektronischen Identifikation nutzen* (acatech bezieht Position, Nr. 1), Stuttgart: Fraunhofer IRB Verlag 2006.

> acatech – DEUTSCHE AKADEMIE DER TECHNIKWISSENSCHAFTEN

acatech vertritt die Interessen der deutschen Technikwissenschaften im In- und Ausland in selbstbestimmter, unabhängiger und gemeinwohlorientierter Weise. Als Arbeitsakademie berät acatech Politik und Gesellschaft in technikwissenschaftlichen und technologiepolitischen Zukunftsfragen. Darüber hinaus hat es sich acatech zum Ziel gesetzt, den Wissenstransfer zwischen Wissenschaft und Wirtschaft zu erleichtern und den technikwissenschaftlichen Nachwuchs zu fördern. Zu den Mitgliedern der Akademie zählen herausragende Wissenschaftler aus Hochschulen, Forschungseinrichtungen und Unternehmen. acatech finanziert sich durch eine institutionelle Förderung von Bund und Ländern sowie durch Spenden und projektbezogene Drittmittel. Um die Akzeptanz des technischen Fortschritts in Deutschland zu fördern und das Potenzial zukunftsweisender Technologien für Wirtschaft und Gesellschaft deutlich zu machen, veranstaltet acatech Symposien, Foren, Podiumsdiskussionen und Workshops. Mit Studien, Empfehlungen und Stellungnahmen wendet sich acatech an die Öffentlichkeit. acatech besteht aus drei Organen: Die Mitglieder der Akademie sind in der Mitgliederversammlung organisiert; ein Senat mit namhaften Persönlichkeiten aus Industrie, Wissenschaft und Politik berät acatech in Fragen der strategischen Ausrichtung und sorgt für den Austausch mit der Wirtschaft und anderen Wissenschaftsorganisationen in Deutschland; das Präsidium, das von den Akademiemitgliedern und vom Senat bestimmt wird, lenkt die Arbeit. Die Geschäftsstelle von acatech befindet sich in München; zudem ist acatech mit einem Hauptstadtbüro in Berlin vertreten

Weitere Informationen unter www.acatech.de

> DIE REIHE „acatech POSITION"

In der Reihe „acatech POSITION" erscheinen Stellungnahmen der Deutschen Akademie der Technikwissenschaften zu aktuellen technikwissenschaftlichen und technologiepolitischen Themen. Die Veröffentlichungen enthalten Empfehlungen für Politik, Wirtschaft und Wissenschaft. Die Stellungnahmen werden von acatech Mitgliedern und weiteren Experten erarbeitet und von acatech autorisiert und herausgegeben.

MIX
Papier aus verantwortungsvollen Quellen
Paper from responsible sources
FSC® C105338

If you have any concerns about our products,
you can contact us on
ProductSafety@springernature.com

In case Publisher is established outside the EU,
the EU authorized representative is:
Springer Nature Customer Service Center GmbH
Europaplatz 3, 69115 Heidelberg, Germany

Printed by Libri Plureos GmbH
in Hamburg, Germany